中英城市规划体系发展演变

DEVELOPMENT OF URBAN PLANNING SYSTEM BETWEEN CHINA AND ENGLAND

吴晓松 张 莹 缪春胜 编著

·广州·

版权所有　翻印必究

图书在版编目（CIP）数据

中英城市规划体系发展演变/吴晓松，张莹，缪春胜编著.—广州：中山大学出版社，2015.7

ISBN 978-7-306-05276-6

Ⅰ.①中⋯　Ⅱ.①吴⋯②张⋯③缪⋯　Ⅲ.①城市规划—发展—对比研究—中国、英国　Ⅳ.①TU984.2②TU984.561

中国版本图书馆 CIP 数据核字（2015）第 120761 号

出 版 人：	徐　劲
策划编辑：	王尔新　廖泽恩
责任编辑：	廖泽恩
封面设计：	吴晓松　曾　斌
责任校对：	王　润
责任技编：	黄少伟
出版发行：	中山大学出版社
电　　话：	编辑部 020-84110283，84111996，84111997，84113349
	发行部 020-84111998，84111981，84111160
地　　址：	广州市新港西路 135 号
邮　　编：	510275　　　传　真：020-84036565
网　　址：	http://www.zsup.com.cn　E-mail: zdcbs@mail.sysu.edu.cn
印 刷 者：	虎彩印艺股份有限公司
规　　格：	787mm×960mm　1/16　15 印张　339 千字
版次印次：	2015 年 7 月第 1 版　2016 年 7 月第 2 次印刷
定　　价：	32.00 元

如发现本书因印装质量影响阅读，请与出版社发行部联系调换

序

工业革命以后，城市得到了快速发展，大量的人流、物流、资金流、信息流向城市集聚。在快速推动人类文明的同时，城市问题也日益凸显。城市规划可以说是为了解决城市问题而诞生的学科和专业。

霍华德的"田园城市"和1909年英国《住房与城市规划法》的问世，标志着现代城市规划的诞生。城市规划伴随着城市的发展，其内涵和外延得到了不断的丰富与拓展。城市规划与城市一样，其学科本身也具有整体性和动态性的特征，却很少引起规划师的关注。规划师通常喜欢用统筹的思维对规划的对象进行整体把握，却很少对城市规划学科本身进行一个统筹的认识。规划师关注的是当下城市的问题，提出一套城市规划解决方案，却很少关注城市的发展、城市问题的发展以及城市规划解决办法的发展。如果没有关注规划本身的整体性和动态性，我们对城市及城市规划的认识将只能停留在一个历史阶段，规划思维将难以拓展。

为了全面、深入地了解城市规划发展的历史，我们从现代城市规划的诞生地英国开始探寻现代城市规划的发展。对许多中国规划师来说，他们对英国城市规划的认识仍停留在20世纪一些学者对结构规划和地方规划的介绍。然而，2004年英国已全面改革沿用了多年的"二级"体系——结构规划和地方规划，开始采用"新二级"体系——区域空间战略和地方发展框架。目前，国内对此研究尚处于起步阶段。我们从原汁原味的英国规划文献中，整理出英国现代城市规划的发展面貌，从1909年的城镇规划大纲到2004年的区域空间战略和地方发展框架，从城市规划的法规体系、行政体系和编制体系等三大体系全面理清了英国城市规划的发展史，从政治、经济、社会、科技及城市发展等方面分析英国城市规划发展变化的原因，并着重研究了"新二级"体系——区域空间战略和地方发展框架。

经过400多年的发展，英国已经进入了城市化成熟阶段，2010年城市化水平超过89%，而同期中国城镇化水平为47.5%，正处于快速城镇化阶段。我们可以从英国城市的发展中看到中国城市发展路径的一些影像。因此，我们对比分析了中英城市规划各自的特点，结合我国的实际国情，借鉴英国较为成熟与完善的城市规划手段，对中国城市规划体系的不断完善提出建议。

本书涉及城市规划体系的方方面面，内容覆盖广，时间跨度大。笔者历时十年持续研究，翻阅大量中英文文献，为本书打下了坚实的理论基础。对于从事城市规划相关专业的学生、教师、学者、规划设计人员及政府管理人员的工作学习将有很大的帮助。

目 录

第1章 绪论 ··· 1

  1.1 概念 ·· 1
  1.2 研究综述 ·· 2
  1.3 研究设计 ·· 6

第2章 英国城市规划体系改革历程 ·· 11

  2.1 第一阶段：城镇规划大纲阶段（1909—1947年）······················ 12
  2.2 第二阶段：开发规划阶段（1947—1968年）···························· 24
  2.3 第三阶段："二级"体系（1968—1985年）······························ 34
  2.4 第四阶段："双轨制"（1985—2004年）································ 52
  2.5 第五阶段："新二级"体系（2004—2010年）··························· 64
  2.6 第六阶段：国家地方体系（2010年至今）······························· 71
  2.7 英国城市规划体系改革 ··· 73
  2.8 影响英国城市规划体系改革的因素分析 ······························· 85

第3章 英国现行城市规划体系 ·· 92

  3.1 背景 ··· 92
  3.2 英国现行城市规划法规体系 ·· 92
  3.3 英国现行城市规划行政体系 ·· 96
  3.4 英国现行城市规划编制体系 ··· 105

3.5　英国现行城市规划审批与执行体系 ········· 121
3.6　英国现行城市规划体系特征 ············· 123

第4章　中英城市规划体系比较 ············· 125

4.1　中英规划法规体系比较 ················ 125
4.2　中英规划行政体系比较 ················ 127
4.3　中英规划编制体系比较 ················ 128
4.4　中英规划审批与执行体系比较 ············ 139
4.5　英国城市规划体系对我国城市规划体系借鉴 ···· 143

第5章　英国城市规划体系改革与借鉴 ········· 152

5.1　英国城市规划体系演变 ················ 152
5.2　英国城市规划体系改革对我国城市规划借鉴 ···· 153

第6章　哈尔滨市松北区城市规划管理新体系建立 ··· 159

6.1　城市规划管理基础 ··················· 159
6.2　国内城市规划管理体系 ················ 163
6.3　英国城市规划管理的监测机制 ············ 177
6.4　中英城市规划管理体系的借鉴 ············ 180
6.5　松北区城市规划管理新体系建立 ··········· 184

第7章　基于中英法定规划比较研究的哈尔滨市松北区法定规划制定 ······ 200

7.1　哈尔滨松北区概况 ··················· 200
7.2　哈尔滨松北区法定规划面临挑战 ··········· 204
7.3　英国法定规划启示 ··················· 207
7.4　哈尔滨松北区法定规划方案 ············· 209

参考文献 ·························· 217
跋 ······························ 223
致　谢 ···························· 225

附 图 录

图 1-1　本书研究框架 …………………………………………………… 10

图 2-1　英国三权分立架构 ……………………………………………… 15
图 2-2　英格兰 19 世纪至 1963 年前行政区划等级 …………………… 19
图 2-3　英格兰 19 世纪至 1963 年前郡级行政区划 …………………… 19
图 2-4　1909—1950 年间英国中央政府级规划管理部门调整过程 …… 20
图 2-5　英格兰 1963—1972 年行政区划等级 ………………………… 27
图 2-6　英格兰 1963—1972 年郡级行政区划 ………………………… 27
图 2-7　1947—1970 年英国中央政府级规划管理部门调整 …………… 28
图 2-8　开发规划的编制程序与各阶段工作内容 ……………………… 32
图 2-9　英格兰 1972—1985 年行政区划等级 ………………………… 38
图 2-10　英格兰 1972—1985 年郡级行政区划 ………………………… 38
图 2-11　1947—1997 年英国中央级规划管理部门调整 ……………… 39
图 2-12　英国城市规划"二级"体系构成 ……………………………… 40
图 2-13　剑桥郡和彼得区结构规划 …………………………………… 41
图 2-14　《剑桥地方规划》（2003 年）的规划主图（左）和规划
　　　　 图则（右） ……………………………………………………… 46
图 2-15　结构规划的编制程序、各阶段的工作内容与相关主体 ……… 48
图 2-16　地方规划的编制程序 ………………………………………… 50
图 2-17　英格兰 1985—1992 年行政等级 ……………………………… 54
图 2-18　英格兰 1985—1992 年郡级行政区划 ………………………… 55
图 2-19　英格兰 1992—1997 年行政区划等级 ………………………… 55

图 2 - 20　英格兰 1998—2000 年行政区划等级 …………………………… 56
图 2 - 21　英格兰 1992—2000 年郡级行政区划 …………………………… 56
图 2 - 22　英格兰 2000 年以来行政区划等级 ……………………………… 57
图 2 - 23　英格兰 2000 年以来郡级行政区划 ……………………………… 57
图 2 - 24　1997—2002 年英国中央级规划管理部门调整过程 …………… 58
图 2 - 25　由重要部门领导官员组成的 Warwickshire 郡管理机构………… 58
图 2 - 26　英国城市规划 "双轨制" 阶段体系构成 ……………………… 59
图 2 - 27　英格兰地区规划申请的决策率 ………………………………… 65
图 2 - 28　英国城市规划 "新二级" 体系阶段体系构成 ………………… 66
图 2 - 29　区域空间战略的编制程序及其可持续评估 …………………… 69
图 2 - 30　英国中央级城市规划管理部门改革历程 ……………………… 77
图 2 - 31　自 1909 年以来英国城市规划体系改革历程 ………………… 79
图 2 - 32　城市规划体系各阶段的阿恩斯坦公众参与阶段 ……………… 82
图 2 - 33　英国执政党变换与城市规划体系改革 ………………………… 88

图 3 - 1　英国城市规划法规体系的基本构成 ……………………………… 93
图 3 - 2　英国中央政府内阁部门机构 ……………………………………… 99
图 3 - 3　英格兰大分区 …………………………………………………… 100
图 3 - 4　根据《区域发展机构法》成立的英格兰各区域范围 ………… 101
图 3 - 5　英格兰 2000 年以来郡级行政区划 …………………………… 102
图 3 - 6　英格兰现行行政区划等级 ……………………………………… 103
图 3 - 7　剑桥郡议会结构 ………………………………………………… 104
图 3 - 8　剑桥市政府架构 ………………………………………………… 104
图 3 - 9　国家地方体系构成示意 ………………………………………… 105
图 3 - 10　地方发展框架文件构成 ……………………………………… 106
图 3 - 11　剑桥 2021 年规划核心战略 …………………………………… 108
图 3 - 12　地方发展框架构成文件之间的关系 ………………………… 117
图 3 - 13　地方发展框架与结构规划、地方规划和整体发展规划成果差别
　　　　　…………………………………………………………………… 117
图 3 - 14　发展规划文件编制过程 ……………………………………… 119

图 3-15　补充规划文件的编制过程 …………………………………… 121

图 4-1　中英城市规划法规体系结构比较 …………………………… 126
图 4-2　控制性详细规划、法定图则和地方发展框架发展规划文件编制
　　　　程序的比较 …………………………………………………… 135
图 4-3　控制性详细规划、深圳法定图则和地方发展框架的阿恩斯坦
　　　　公众参与阶段 ………………………………………………… 138

图 6-1　城市规划管理结构框架示意 ………………………………… 160
图 6-2　城市规划管理基本工作 ……………………………………… 161
图 6-3　城市规划管理系统 …………………………………………… 164
图 6-4　建设项目选址规划管理 ……………………………………… 166
图 6-5　建设用地规划管理程序 ……………………………………… 168
图 6-6　建筑工程规划管理的一般程序 ……………………………… 169
图 6-7　市政管线工程规划管理程序 ………………………………… 171
图 6-8　市政交通工程规划管理程序 ………………………………… 173
图 6-9　建设工程规划批后行政检查程序 …………………………… 175
图 6-10　地方发展框架及检测机制 …………………………………… 178
图 6-11　地方发展框架制定过程监测 ………………………………… 179
图 6-12　松北区城市规划管理新体系的行政架构 …………………… 186
图 6-13　松北区城市规划分局行政架构示意 ………………………… 187
图 6-14　松北区城市总体规划编制新体系（方案甲、乙）………… 188
图 6-15　松北区城市详细规划编制新体系（方案甲、乙）………… 189
图 6-16　松北区规划管理单元编制新体系（方案甲、乙）………… 190
图 6-17　松北区城市总体规划的审批新体系（方案甲、乙）……… 191
图 6-18　松北区城市详细规划的审批新体系（方案甲、乙）……… 191
图 6-19　松北区规划管理单元审批新体系（方案甲、乙）………… 192
图 6-20　建设项目选址规划管理新体系（方案甲）………………… 193
图 6-21　建设项目选址规划管理新体系（方案乙）………………… 194
图 6-22　松北区建设用地规划管理新体系（方案甲）……………… 195

图 6-23　松北区建设用地规划管理新体系（方案乙）……………… 196
图 6-24　松北区建筑工程规划管理新体系（方案甲、乙）………… 197
图 6-25　松北区建筑工程规划管理新体系（方案甲）……………… 198
图 6-26　松北区城市规划管理监督检查新体系（方案乙）………… 199

图 7-1　松北区城市规划分局建设业务审批流程 ………………… 207
图 7-2　松北区法定规划编制程序 ………………………………… 211
图 7-3　松北区法定规划审批程序 ………………………………… 212
图 7-4　规划建设业务审批流程（对内）………………………… 213
图 7-5　规划建设业务审批流程（对外）………………………… 214
图 7-6　业务案件办理环节及时限分配 …………………………… 215
图 7-7　松北区城市规划分局责任追究机构设置、流程 ………… 216

附表录

表 2-1 英国 1909—1944 年城乡规划法的演进 …………………… 14
表 2-2 英国 1947—1963 年城乡规划法的演进 …………………… 26
表 2-3 《剑桥郡发展建议》(1950 年)的主要内容 ……………… 30
表 2-4 开发规划对新开发的控制体系 ……………………………… 31
表 2-5 英国 1968—1985 年城乡规划法的演进 …………………… 36
表 2-6 《剑桥郡和彼得区结构规划》(2003 年)的主要内容 …… 41
表 2-7 《剑桥地方规划》(2003 年)的主要内容 ………………… 44
表 2-8 地方规划对开发的控制体系 ………………………………… 47
表 2-9 英国 1985—2004 年城乡规划法演进 ……………………… 53
表 2-10 《利物浦整体发展规划》(2002 年)的规划要目 ……… 60
表 2-11 《英格兰东部区域空间战略》(2002 年咨询稿)主要内容 … 67
表 2-12 英国城乡规划法的历史演进过程 ………………………… 75
表 2-13 英格兰行政区划改革历程 ………………………………… 78
表 2-14 英国城市规划体系各阶段编制内容的宏观程度比较 …… 80
表 2-15 英国各阶段城市规划审批与开发控制体系演进 ………… 84
表 2-16 英格兰 2010 年以前各发展阶段行政区划与法定规划互动关系 ……
……………………………………………………………………… 89

表 3-1 英国现行规划法规体系 ……………………………………… 93
表 3-2 1900 年以来英国历届内阁和首相 ………………………… 96
表 3-3 《剑桥地方发展框架——核心战略》(2006 年咨询稿)主要内容
……………………………………………………………………… 107

表 3-4 《剑桥地方发展框架——场地详细布局》（2006 年咨询稿）主要内容 ………… 109
表 3-5 《剑桥东部实施区规划》（2006 年）规划主要内容 ………… 110
表 3-6 《剑桥地方发展框架——地方发展计划》（2006 年）主要内容 ………… 112
表 3-7 地方发展计划中的关键日程表（部分） ………… 112
表 3-8 《剑桥地方发展框架——社区参与陈述》（2006 年）的主要内容 ………… 114
表 3-9 《剑桥地方发展框架——年度监测报告》（2005 年）的主要内容 ………… 115
表 3-10 政策回顾 ………… 115
表 3-11 地方发展框架的控制体系 ………… 118

表 4-1 中英城市规划行政体系比较 ………… 127
表 4-2 中英两国法定规划编制法定要求 ………… 129
表 4-3 中英法定规划编制层面比较 ………… 130
表 4-4 中英法定规划编制内容比较 ………… 131
表 4-5 中英法定规划地块控制指标比较 ………… 133
表 4-6 中英城市规划开发控制程序比较 ………… 141
表 4-7 中英城市规划审批与执行体系比较 ………… 142

表 5-1 英国城市规划体系对中国城市规划体系可鉴之处 ………… 156

第1章
绪　　论

1.1　概念

1.1.1　体系

《现代汉语大词典》(2003) 对"体系"的释义是：由许多相互关联的事物或思想意识形成的系统。如金融体系、哲学体系等。

《现代汉语词典》(2012) 中"体系"的解释是：若干有关事物或某些意识相互联系而构成的一个整体。如防御体系、工业体系、思想体系。

《辞海》(1999) 中"体系"的意思是：若干有关事务互相联系互相制约而构成的一个整体。如理论体系、语法体系、工业体系。

从以上工具书对"体系"的解释不难发现几个共同的特征：其一，体系必须包括几个事物或者几个意识，一个事物或者一个意识无法构成体系。其二，必须以联系的发展观看问题，这些事物或者意识是有内在或者外在联系的，是会互相作用或相互影响的，而不是互相独立的个体。其三，"体系"二字还强调一个整体，或者一个系统，也就是完整性。

1.1.2　城市规划体系

城市规划体系，是由"城市规划"和"体系"两个词组成的综合概念，在现有的中文类工具书中难以找到其具体的释义，只能从现有的书籍或研究文献中找出其具体的内涵。

1997年，郝娟著有《西欧城市规划理论与实践》，书中多处出现"城市规划体系"一词。书中介绍"城市规划体系"时，分别涉及城市规划法规、城市规划机构、城市规划编制、开发控制体系等内容。

1998年，同济大学唐子来负责上海市城市规划管理局"国内外城市规划法规体系比较研究"研究课题，其中课题成果之一《若干发达国家和地区的城市规划体系评述》中出现"一个国家的城市规划体系包括规划法规、规划行政、规划编制和规划实施（或称为开发控制）四个基本方面……"等内容。

1999年，唐子来在《城市规划》1999年第8期发表《英国的城市规划体系》一文，该论文从规划法规体系、行政体系和运作体系等方面论述英国城市规划体系。

2004年，广州市城市规划编制研究中心、广东省城乡规划设计研究院和中山大学三家单位合作完成研究课题"广州市法定规划管理图则编制办法与技术规定研究"，其中子课题三"法定规划层面的国内外规划比较研究"把法定规划分成规划编制、审批和执行等方面进行详细论述。

综上所述，结合国内城市规划实践，可知城市规划体系是由规划法规，规划行政、规划编制、审批和执行等多个子系统互相联系、互相制约而构成的一个整体。规划法规、规划行政、规划编制、规划审批和执行等各个子系统均有丰富内涵，可各成体系，但它们又是相互联系、互相制约的。其中，规划法规是城市规划体系的核心，为规划行政、规划编制、规划审批与执行提供法定依据和法定程序；行政体系是城市规划体系的行政支撑，亦是现代城市规划作为政府行政管理职能的重要保证；规划编制、规划审批与执行体系是规划行政的基础，是规划法规的具体落实，是城市规划体系的根本方面。

本书将英国城市规划体系划分为规划法规体系、规划行政体系、规划编制体系、规划审批与执行体系四部分并加以具体论述。

1.2 研究综述

1.2.1 国内对英国城市规划研究进展

对近十年国内各种城市规划期刊和相关文献，以"英国—规划"为主题进行检索，国内有关英国城市规划方面的介绍和论述主要集中在以下几个方面：城市规划体系、城市规划法规体系、城市规划开发控制体系、城市规划发展动态等方面。

1.2.1.1　英国城市规划体系

1995年，中国城市规划设计研究院于立的《英国发展规划体系及其特点》简要介绍了英国发展规划体系的形成及演变，以及郡结构规划、区地方规划等两级规划的实践特点。1996年，章兴泉的《英国城市规划体制的演变》简要介绍了自1947年来英国城市规划体制的演变和20世纪90年代城市规划体系的内容和特点。1997年，郝娟出版的著作《西欧城市规划理论与实践》中介绍了英国城市规划概况、英国城市发展简史和英国城市开发控制简史，并对于英国城市开发规划、土地开发控制、新镇规划理论与实践等内容做了详细论述。1998年，同济大学唐子来负责的研究课题成果《若干发达国家和地区的城市规划体系评述》，以及1999年发表的《英国的城市规划体系》，将20世纪60年代至90年代之间的英国城市规划体系划分为规划法规体系、规划行政体系、规划运作体系等三部分详细论述。1999年，曹银生的《英国城市规划体系的特点和启示》简要介绍了由结构规划、地方规划和整体发展规划构成的英国城市规划体系的基本情况及其特点，并讨论了对上海的启示。2003年，于立的《国外规划体系改革引发的思考》概述了英国近期发生的城市规划改革事件，并提出中国城市规划改革的方向。2005年，崔日初和朱江的《谈英国开发规划的变革对我国城市规划改革的启示》回顾了英国开发规划产生和发展的历程，分析开发规划产生变化的原因，总结了英国开发规划的经验和教训。

1.2.1.2　英国城市规划法规体系

郝娟的《英国城市规划法规体系》（1994）从城乡规划法和城乡规划规则及其他规范性法规文件两方面对英国城市规划法规体系做了阐述和评价，同时对中国现行的城市规划立法体制提出了相关的建议。唐子来的《英国城市规划核心法的历史演进过程》（2000）详细论述了自1909年以来英国20多部城乡规划法的历史演进过程，并将其进行了阶段划分。徐大勇的硕士论文《英国的城市规划法规体系及其对中国的借鉴之处》（2002）从英国城市规划体系出发，对英国20世纪的城市规划各项法规进行了比较详细的评述。顾翠红等的《英国"地方发展框架"的监测机制及其借鉴意义》（2006）对英国地方发展框架（Local Development Framework，简称 LDF）的监测机制进行了分析研究，总结了英国经验对我国正在建设的城市规划动态监测系统的借鉴意义。张险峰的《英国城乡规划监督制度的新发展》（2006）阐述了英国规划监督制度的基本概念及其产生过程，并对英国规划监督制度及其新发展做了简要介绍。于立的《规划监督：英国制度的借鉴》（2007）通过对英国规划监督的介绍，说明规划监督是英国规划体系的一个重要组成部分，体现了英国城市规划的特点。殷辉礼的《完善城市规划复议制度的几点建议》（2007）简述了英国城市规划复议制度。

1.2.1.3 英国城市规划开发控制体系

郝娟的《英国开发控制中的强制执行体系》（1995）详细阐述了英国在城市开发控制中强制执行体系的基本理论和具体的实施内容。张俊的《英国的规划得益制度及其借鉴》（2005）全面阐述了英国规划得益制度的实施背景、原因、变迁、现状、不足及其改革等内容。肖莹光和赵民的《英国城市规划许可制度及其借鉴》（2005）分别从规划许可的申请条件、规划许可的申请程序和违反规划许可的法律责任三方面对英国城市规划许可制度做了详细论述。

1.2.1.4 英国城市规划发展动态

孙施文的《英国城市规划近年来的发展动态》（2005）介绍了近年来英国在应对全球化和可持续发展战略需要的背景下，其城市规划的指导思想和内容、行政管理体系以及规划编制体系方面的变化，并对 2001 年发表的《城市规划绿皮书》和 2004 年颁布的《规划与强制性购买法》（Planning and Compulsory Purchase Act）所建立的城市规划新体系做了简要介绍。

除了专门研究英国城市规划的文献之外，1997 年之后国内一些学者还选取了特定议题结合若干发达国家城市规划方面的特点进行了论述，其中包含了英国城市规划方面的内容。如吴志强和唐子来的《论城市规划法系在市场经济条件下的演进》（1998）、《若干发达国家和地区的城市规划体系评述》（1998），以及吴志强的《城市规划核心法的国际比较研究》（2000）。

综上所述，不难发现国内学者对英国城市规划研究的一些特点：①从研究成果的数量上来看，相关文献的绝对数量并不多，图书仅有 1 种，研究课题 1 项，期刊 20 篇左右，硕士博士论文也仅有 1 篇。②从研究成果的时间分布上看，国内对英国城市规划的研究基本是从20世纪90年代开始，1998年之后研究成果（主要是期刊）逐渐增多，2004年英国城市规划体系进行了较大改革，国内遂掀起了英国城市规划研究的热潮。③自英国现代城市规划体系产生以来，其经历了好几个阶段的改革，国内尚没有对英国城市规划体系改革各阶段的系统的、完整的研究成果，特别是缺少对英国1909年时期城市规划体系的研究。④国内对英国城市规划体系的研究多以表面的、介绍性的并夹带研究的成果出现，缺乏对英国城市规划体系改革全面深入的整体性研究。

1.2.2　国外对英国城市规划研究进展

有关国外学者对英国城市规划的研究，由于资料来源有限，本文的参考文献以1997年以后的图书和期刊文章为主，因为自1997年英国新工党执政以来，国家对城市规划有了不同的态度，此后各国学者对英国城市规划研究的关注逐渐增多。下面简要介绍国外学者对英国城市规划的研究。

Nigel Taylor在著作 *Urban Planning Theory Since 1945*（1998）中研究了1945年以后英国城市规划寻求创造何种城市环境理论的演变过程。

T. Roberts的文章 *The statutory system of town planning in the UK*（1998）详细论述了英国城市规划法规体系及其各类法规之间的关系，以及规划法规对于城市规划运作的影响。

Nicholas Herbert-Young的文章 *Central government and statutory planning under the Town Planning Act 1909*（1998）详细论述了自1909年英国现代城市规划诞生以来，中央政府对于城市规划政策以及法定规划的变化情况。

Barry Cullingworth的著作 *British Planning: 50 Years of Urban and Regional Policy*（1999）详细介绍了第二次世界大战以来英国城市规划体系，以及英国城市规划领域的主要政策，如城市保护、城市设计、女权运动、贫困等方面。Barry Cullingworth等在著作 *Town and County Planning in the U.K.*（2006）中较为全面地阐述了英国国家规划与城镇规划的发展演变的理论与实践、中央和地方规划管理部门、规划督察、规划政策等内容。

Clara Greed的著作 *Introducing Planning*（2000）对英国城市规划自19世纪以来的发展进行了详细阐述，关注自1997年英国新工党执政以后其城市规划发生的变化，并还对英国规划理论的发展做了回顾和总结。同时，该书以城市社会问题为焦点，并扩展到当今规划的更广阔的范围，对环境因素、全球背景下可持续发展的相关规划问题、国家和区域重构以及欧盟规划要求等问题。

Lewis D. Hopkins 在著作 *Urban Development：The Logic of Making Plans*（2001）中详细探讨了英国城市规划的编制任务、编制主体、编制内容、编制过程，以及相关法律法规对规划编制的影响。Mark Tewdwr-Jones & Richard H. Williams 在 *The impact of Europe on national and regional planning*（2001）中论述了欧盟对英国国家和区域规划的影响。

Mark Tewdwr-Jones 的著作 *The Planning Polity Planning, Government and the Policy Process*（2002）论述了自1997年英国新工党执政以来布莱尔政府对于英国城市规划的态度及其实行的相关政策。Peter Hall 在著作 *Urban and regional planning*（2002）中对20世纪英国城市和区域规划的理论与实践做了较为系统的论述。

P. Allmendinger 的文章 *Re-scaling, Integration and Competition：Future Challenges for Development Planning*（2003）探讨了《规划与强制性购买法》对英国城市规划体系改革的影响，以及该改革对城市规划管理机制和城市土地政策的影响。

综上所述，国外学者对于英国城市规划的研究较多，涉及城市规划理论、规划法规、规划编制、规划运作、规划政策等各个方面，不过，系统的、整体的研究较少，多为阶段性的、零碎的政策性研究，特别是2004年英国实行了城市规划新体系——区域空间战略和地方发展框架的"新二级"体系以来，仍缺少对新体系的全面深入研究。

1.3 研究设计

1.3.1 研究背景

1949年后，我国的城市建设取得了很大发展，城市规划工作也有了相应的发展，对城市的现代化建设做出了巨大的贡献。但是，我国城市规划的发展却是几经周折，道路很不平坦。

1952年9月，中央正式提出重视城市规划工作，开始建立城市建设机构；

"一五"时期，城市规划工作受到很大重视，但工作开展的中心只集中在为工业发展服务上，特别是为大型企业选址上；1958—1960年，全国大多数城市或部分县城开始着手编制城市规划，不过，受"左"的思想影响，在城市规划工作中也出现不少问题；"三五"时期，受国民经济困难的影响，城市规划工作受到较大削弱；从1966年开始，国内又开始了长达十年的"文革"，城市规划工作受到严重干扰、破坏甚至被迫停顿，城市规划机构被迫撤销；"文革"之后，国家开始恢复城市规划工作，国家进入改革开放的大好发展时期，之后的城市规划才正式走上一个较为平稳发展的道路。

我国在改革开放以来，特别是逐步确立社会主义市场经济体系以来，国家和社会都经历了深刻的变革，国民经济高速增长，城市发展和城市规划工作也取得了极大的成就。当然，我国的城市规划工作仍然存在着不少问题，城市理论和实践仍处于不断发展和完善的过程中。1989年12月，《中华人民共和国城市规划法》由全国人民代表大会常务委员会第十一次会议通过，并成为指导我国城市规划的最高法律依据；2007年10月，《中华人民共和国城乡规划法》由中华人民共和国第十届全国人民代表大会常务委员会第三十次会议通过。城市规划立法的重大改革，表达了国内城市规划改革的决心，也引发了规划理论界对于城市规划改革的深入广泛的探讨。

英国是城市规划立法最早的国家之一，现代城市规划体系最为完善。英国的城市规划体系为许多国家所效仿，而且其中央集权制和判例式的特征与我国极为相似，国内城市规划向英国学习的呼声一直都比较高。以2004年《规划与强制性购买法》的颁布为标志，英国城市规划体系发生了重大的改革，给英国社会带来较大影响。回顾英国自1909年现代城市规划体系建立以来经历的多次改革，对于国内城市规划的发展与改革将有极大的益处。

1.3.2 研究对象

本书的研究对象为英国城市规划体系改革，包括自1909年以来英国城市规划体系改革的六个阶段。这六个阶段分别为：①城镇规划大纲（Town Planning Scheme）阶段；②开发规划（Development Plan）阶段；③由结构规划（Structure Plan）和地方规划（Local Plan）构成的"二级"体系阶段；④结构规划、地方规划和整体发展规划（Unitary Development Plan）并存的"双轨制"阶段；⑤由区域空间战略（Regional Spatial Strategy，简称 RSS）和地方发展框架组成的"新二级"体系阶段；⑥由国家规划政策框架（National Planning Policy Framework）和地方地方发展框架构成的国家地方体系阶段。

1.3.3 研究意义

本书的研究意义包括三方面：首先，对英国城市规划体系改革历程做了系统的整理，做出五阶段的划分，并对国内现有的研究进行更新，弥补了目前国内对英国城市规划体系系统整理的空缺。其次，在改革五阶段划分的基础上比较分析了英国城市规划体系各阶段的详细内容，得出其改革的原因及其进步之处。最后，通过英国城市规划改革研究，对比国内城市规划体系改革及其现状，得出其对国内城市规划体系发展的借鉴意义。

1.3.4 研究范围

本次研究范围为英国，全称"大不列颠及北爱尔兰联合王国"（The United Kingdom of Great Britain and Northern Ireland）。英国 2008 年人口为 60 943 912 人，国土面积为 244 820 平方千米（世界国家和地区第 79 名，仅比广东省面积大 6.7 万平方千米），人口密度 249 人/平方千米，2008 年国内生产总值为 14 429.21 亿英镑。

英国全境分为英格兰、苏格兰、威尔士和北爱尔兰四个经济区，它们具有相对独立的行政体制，但是它们行政体制的基本制度是相同的，只是在行政管理等级及具体名称上略有差异。在城市规划体系方面，四个经济区实行的规划法规体系、规划行政体系、规划编制体系、规划审批和执行体系基本特征也是差异不大的。

同时，本文为了方便比较和研究，以英格兰地区为主要研究范围。英格兰位于苏格兰以南，威尔士以东，面积约 13 万平方千米，是英国面积最大、人口最多（2008 年人口约 5 100 万）、经济最发达的一个部分。英格兰第二、第三产业非常发达，是世界上最早工业化和城市化的地区。英格兰城市规划体系在英国范围内最完善，能及时地反映问题并迅速地采取改革措施，对世界各国城市规划的发展产生了深远的影响。因此，本书以英格兰城市规划体系为代表，研究英国城市规划体系改革。若无特别注明，书中"英国的城市规划体系"均指的是英格兰城市规划体系。

1.3.5 研究方法

根据本文研究的特点，书中所采用的研究方法主要包括三种。

1.3.5.1 文献研究法

文献研究法主要是指搜集、鉴别、整理文献，并通过对文献的研究，形成对事实科学认识的方法。因作者未能到英国本土进行实地调查与访谈，图书馆式的文献研究成为本文最主要的研究方法。根据确定的研究对象，大量阅读国内外相关的学术研究、中英两国的相关政府报告、法律文件以及规划案例，并对涉及的资料进行综合分析与评价，是本书研究的主要途径。本书关于英国城市规划改革的文献主要来源于英国副首相办公室的官方网站①，该网站发布英国政府城市规划相关政策和信息；关于英国法律文件的文献来源于大不列颠法律数据库，该数据库为英国司法部的官方网站②，可以查询英国政府颁布的绝大部分的法律、条例、通告等文件。英国政府网站的相关资料都比较齐全，并且处于不断更新中，为本书研究提供了大量翔实的资料。

1.3.5.2 比较研究法

比较研究法是一种运用较为普遍的研究方法，它是对两个或两个以上的事物或对象加以对比，以找出它们之间的相似性与差异性的分析方法，也是人们认识事物的一种基本方法。本文通过对中英城市规划体系及其改革进行比较研究，揭示两者内在的区别和联系，并得出英国城市规划体系改革对国内城市规划体系的借鉴之处。

1.3.5.3 案例研究法

以英国城市规划体系改革各阶段的典型案例为素材，通过具体分析与解剖，使得英国城市规划体系改革的研究更加深入。

1.3.6 研究框架

本书研究框架见图1-1。

---

① 英国副首相办公室官方网站：http://www.communities.gov.uk。
② 大不列颠法律数据库：http://www.statutelaw.gov.uk。

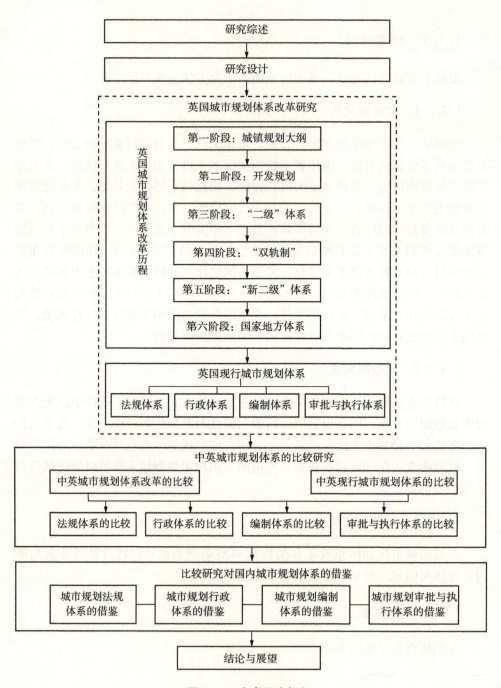

图 1-1 本书研究框架

第 ❷ 章
英国城市规划体系改革历程

回顾英国现代城市规划体系发展历程，其核心内容——法定规划先后经历了以下几个重要的改革阶段：①1909 年，英国政府颁布了世界上第一部城市规划法——《住房与城镇规划诸法》，开创了现代城市规划的新纪元，标志着英国现代城市规划体系的建立；1919 年，新颁布的《住房与规划诸法》强制性地规定所有的自治市、人口 2 万以上的城市区，必须在三年之内制定城镇规划大纲。②1947 年颁布的《城乡规划法》提出了一种比城镇规划大纲更为灵活的规划方式——开发规划，城市发展开始真正处于规划的有效控制和指导之下。③1968 年颁布的新的《城乡规划法》将 1947 年的开发规划分成两部分，即战略性的结构规划和实施性的地方规划，它们构成了英国城市规划的"二级"体系。④根据 1985 年《地方政府法》，英国出现行政区划大调整，32 个伦敦自治区和 36 个大都市区分别取代了原来的大伦敦地区和 6 个大都市郡，直接受中央政府管辖，整体发展规划应此次行政区划调整而诞生，英国城市规划体系开始处于结构规划、地方规划和整体发展规划并存的局面，本文将这段时期称为英国城市规划体系的"双轨制"阶段。⑤2004 年，英国政府颁布的《规划和强制性购买法》取消了地方层面的结构规划、地方规划和整体发展规划，由地方发展框架取而代之，并且将区域层面的区域空间战略法定化，英国城市规划体系开始进入由区域空间战略和地方发展框架构成的"新二级"体系阶段。⑥2010 年，区域空间战略被政府宣布废除，英国的规划体系构成变成了"国家与地方"垂直衔接体系。

因此，本章①根据英国城市规划法规的进程与城市规划体系中法定规划改革的具体过程，将英国城市规划体系改革划分为六个阶段。①城镇规划大纲阶段（1909—1947年）；②开发规划阶段（1947—1968年）；③"二级"体系阶段（1968—1985年）；④"双轨制"阶段（1985—2004年）；⑤"新二级"体系阶段（2004—2010年）；⑥国家地方体系阶段（2010年至今）。

2.1 第一阶段：城镇规划大纲阶段（1909—1947年）

人类文明发展史上很早便有了城市和城市规划，但是，现代城市规划作为政府行政管理的一项重要职能，是经济基础发展到一定阶段的产物。18世纪初，英国开始工业革命。到18世纪中叶，德国、法国和美国等主要西方国家也相继进行了工业革命。工业革命同时推动了城市的快速发展，城市规划逐渐成为政府行政管理的一种职能。

2.1.1 规划法规体系的起源和演进

19世纪初，英国经济的蓬勃发展带来了城市的急剧膨胀，城市内公共卫生、住房等问题日益严重。为了保障整个社会的利益，政府必须干预市场经济和私人财产。1848年，英国政府颁布了第一部《公共卫生法》（Public Health Act），开始对城市物质环境实施公共管理。1875年的《公共卫生法》又在前者的基础上进行了修正和补充，认为地方政府有权制定规划实施细则（bye-laws），规定每一居室的最小面积、街道的宽度。同年，英国政府颁布了第一部《住房改善法》（Dewllings Improvement Act），政府的公共干预职能扩展到消除不符合卫生标准的贫民区（Slum Clearance）和建设新型的劳工住宅。这些法律的颁布实施虽然没有完全解决城市布局中存在的问题，却为英国城市规划立法做了充分的准备。

英国城市规划的一项重大事件便是，1909年颁布了世界上第一部城市规

---

① 为了方便比较和研究，本章以英格兰地区为主要研究范围，苏格兰、威尔士和北爱尔兰地区暂不论述。

划法——《住房与城镇规划诸法》（*The Housing and Town Planning, etc Act* 1909），开创了现代城市规划的新纪元，标志着英国现代城市规划体系的建立，同时也标志着城市规划成为政府管理职能的开端。

1909年《住房与城镇规划诸法》分为两个部分，第一部分是《工人阶段住房》，第二部分为《城镇规划》，它是英国针对城镇规划问题制定的第一部相关法令。该法案第一次正式以立法的形式，规定了土地开发的补偿和赔偿政策，但实际上并没有开始真正实施。在该法案中，地方政府被授权（不是强制）对于新开发地区编制一个城镇规划大纲（Town Planning Scheme），以控制城市的郊区蔓延，并不涉及已建成区。但是，由于其缺乏强制性要求，该项规划编制工作进展缓慢，只有极少数的城市编制了此规划。

1919年英国政府颁布的《住房与规划诸法》对1909年法案做出了改进，该法案强制性规定所有的自治市、人口2万以上的城市区必须在三年之内制定城镇规划大纲，方案必须简明扼要，集中在城镇规划的关键方面。至此，自发性规划被强制性规划替代。即使如此，该类规划的完成的范围仍然是有限的。

1919年立法还提出了区域规划（Regional Plan）的概念。该法案提出，允许两个或两个以上的城市规划当局联合编制城镇规划大纲，并组建联合委员会（A Joint Committee）专门负责。

1932年，英国政府颁布了第一部核心法《城乡规划法》（*Town and Country Planning Act* 1932），给予地方政府的规划编制权扩大到所有地区，从新开发区、待开发区到建成区、已开发区。实际上，当时的规划只不过是一种土地使用的"区划"（Zoning Plan），虽然有开发容量的限制，但开发只要符合规划的土地使用性质，一般都会给予批准，但是批准后要做出修改是极其困难的。不过，由于当时的法律不完善，无论是规划控制，还是强制性征地的赔偿都是根据土地使用的最大效益，不管这种效益是否可以实现。

"二战"时期（1939—1945年），规划立法得到了加强。1942年，城镇规划大纲已涵盖了73%的英格兰土地，1943年的《城乡规划（过渡时期开发）法》，把规划控制扩展到国家的全部土地。这样，当开发活动损害已编制的规划时，所有的规划当局有权力第一时间采取强制行动。

1944年《城乡规划法》提出了一个重要的概念：主动规划（Positive Plan）。它授权给地方规划部门，使其有权征用"被战争破坏的大面积土地"和"城区内不能再用的土地"，并负责开发、出售这类土地。

英国 1909—1944 年城乡规划法的演进见表 2-1。

表 2-1　英国 1909—1944 年城乡规划法的演进

时间	法律	内容与特征
1909 年	《住房与城镇规划诸法》	标志着英国城市规划体系的建立；该法案第一次正式以立法的形式，规定了土地开发的补偿和赔偿政策；该法案授权（非强制）地方政府对于新开发地区编制城镇规划大纲，以控制城市的郊区蔓延，并不涉及已建成区
1919 年	《住房与规划诸法》	该法案把自发性规划变成强制性规划；第一次提出了区域规划的概念
1932 年	《城乡规划法》*	英国政府第一部核心法；该法案给予地方政府的规划编制权扩大到所有地区
1943 年	《城乡规划（过渡时期开发）法》	该法案把规划控制扩展到国家的全部土地
1944 年	《城乡规划法》	该法案提出了一个重要的概念：主动规划

注：标 * 为规划核心法。

资料来源：根据大不列颠法律数据库（http://www.statutelaw.gov.uk/）整理绘制。

2.1.2　规划行政体系

2.1.2.1　英国政府架构

英国是实行议会君主立宪政体的国家。英国的权力机构（见图 2-1）是最早按照资产阶段"三权分立"学说建立起来的，即立法、行政和司法三种国家权力分别由三个不同机构掌握，各自独立行使、相互制约的制度。一般是议会行使立法权，内阁或首相行使行政权，法院行使司法权。

（1）英国的议会君主立宪制

1689 年英国《权利法案》的通过与实施，标志着英国议会君主立宪政体的确立。经过自由资本主义、垄断资本主义等几百年的发展，英国议会君主立宪政体也有了重大的发展，主要表现在王权、议会、内阁和政党四个方面。

第一，英王成为"虚位元首"，不再掌握实权。自 1714 年乔治一世继任

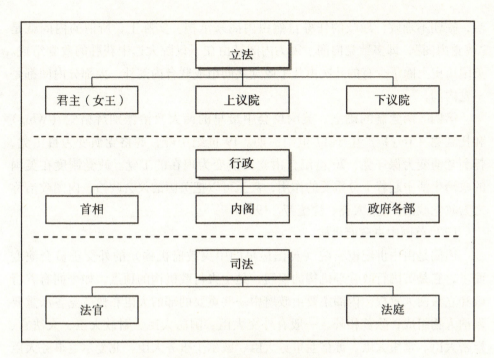

图 2-1　英国三权分立架构

资料来源：徐强.英国城市研究.上海：上海交通大学出版社，1995.

王位后（德国出生的乔治一世不懂英语，所以不出席内阁会议，一切政务均委托内阁进行处理，内阁做出决定后，再向他汇报，取得批准），逐渐形成责任内阁（Cabinet）制，王权便急剧衰落了。议会至上原则的确立，使内阁由最初向英王负责转为向议会负责，议会成了凌驾于国王之上的真正的最高国家权力机关。国王原来掌握的立法权交给了议会，行政权转交给了内阁，司法权转交给了各级法院，国王只是名义上的国家元首，不再掌握任何实权。至今，英王（女王）只是参加一些礼仪活动的"虚位元首"，扮演着国家象征的角色。

第二，议会制度由议会至上走向严重衰落。自英国殖民体系分化瓦解以来，其政治和经济逐渐走向衰落，议会的一些重要权力已明显转移到内阁。"二战"后，政府的作用不断扩大，首相的权力也有了空前的加强，内阁已成为国家权力的主要承担者。

第三，政府实行责任内阁制。责任内阁制是指西方国家的内阁（政府）由议会产生并对议会负责的一种政权组织形式，简称内阁制。由于英王统而不治，临朝不理政，理政的任务自然由内阁来承担。实际上，所谓的内阁就是"政党内阁"，即多数党内阁，因为内阁是由在下议院大选中获胜的政党组成。英国历史上除了少有的几次由几个政党共同组成联合内阁外，大部分内阁都是一党内阁。

第四，两党制的确立。英国议会中最早的两大政治派别辉格党（Whig）和托利党（Tory）产生于17世纪后期。19世纪中叶，辉格党演变为自由党，托利党演变为保守党，20世纪自由党又演变为现在的工党。政党制度在英国的政治生活中起着十分重要的作用，甚至可以把英国的议会政治、内阁政治称之为政党政治。（吴大英、沈蕴芳，1995）

（2）英国中央政府机构

内阁是由中世纪枢密院（英国最早的中央政府机构）的外交委员会演变而来，它是英国行政管理机构的枢纽，是中央行政机构的顶点，如今拥有着行政和立法两大重权。内阁主要由政府中一些重要的部的大臣和执政党各派重要领袖人物组成，除首相外，一般有外交大臣、国防大臣、财政大臣、大法官、枢密大臣、掌玺大臣、苏格兰事务大臣、威尔士事务大臣、北爱尔兰事务大臣等。

首相通常由统治下议院的政党中选出一人出任，为英国最高行政首长。首相的职责是主持内阁会议，对各部工作进行总的指导，协调各部的事务和争论，批准各部不必经由内阁讨论的重大决定，决定内阁大臣和其他大臣的人选与进退，负责答复议会对政府提出的质询，向英王报告政府工作等。（徐强，1995）在首相的领导下，内阁成为中央政府的领导核心，成为真正操作英国政治及行政大权的机构。

政府各部的建立和发展是十分复杂而又不稳定的，常因首相的意见而进行调整。由于各部建立的时间不同，在英文称呼上也各有不同，有的称 Ministry，有的称 Office，有的称 Department（一般在20世纪之前成立的部称 Office，20世纪成立的部多称为 Ministry 或 Department）。大多数的部级官员称"大臣"（Chancellor 或 Lord），还有些称"国务秘书"（Secretary of State）、"院长"（President）或"部长"（Minister）。政府部门分为内阁部门和非内阁部门两大部分。内阁部门（Ministerial Departments）由内阁的国务大臣领导。一个内阁大臣通常可由几位下级大臣支援。非内阁部门（Non-ministerial Government Department）通常由资深公务员、常务次官或副常务次官（Second Permanent Secretary）掌管。部的组织，分为部、司、处、科四级。部的基本单位是司，每个司负责一个方面的工作，大部可有几十个司。一般各个司又分设若干处，处下面设科。英国政府每设立一个新部都需要由法律批准，已有的部如合并、撤销或拆散则不需要经过立法手续。

（3）地方政府

英国地方政府的权力和职责由议会和中央政府确定。议会可以减少或增加地方政府的权力，改变地方行政组织。但是，地方政府一向都有很强的管理系统，仍具有相当大的自治权力，能自行决定管辖范围内的大部分事务。

自撒克逊时代（5世纪左右）起，英国地方政府开始发展成三级结构，即教区、自治市（区）和郡[①]。教区是最小的地方政府单位，在英格兰最早是以教堂为中心划分的，以后逐步发展了一些地区行政职能。如今英国城市中的教区已经失去了它原有的公共行政职能，恢复为纯宗教性质的地域单位，但在一些农村教区仍保留了少量的地方基层政府的职能，由选举产生的教区议会负责。（徐强，1995）

教区以上的地方政府单位是自治市（区），自治市（区）的地位是根据城镇人口、规模等由中央政府给予确定的。自治市（区）享有独立组织政府并进行公共管理的权力。

郡是最高一级的地方政府单位。19世纪后期，每个郡都划分为若干个都市区（19世纪前期受其规模影响常被译作"城市区"）和农村区。郡议会负责总的政策制订和全郡范围内公共设施、社会服务等方面的事务，农村区与都市区作为下一级政府负责本辖区内的管理事务。

（4）中央与地方关系

尽管英国是中央集权制国家，但其地方政府仍有着自治传统，中央政府和地方政府之间有着较为复杂的关系。这种关系一般可分为正式关系和实际工作关系。正式关系通常表现为以下几个方面：①中央政府给相应的地方政府发"通报"，指示、指导或建议地方政府采取某些措施。②地方政府出现"越权"行为，将被起诉。③中央国务大臣对地方政府工作表示不满时，可暂时亲自处理。④中央政府会给地方政府派督察员，监督、检查地方政府工作。⑤部分法规需要地方政府把计划、命令提交国务大臣批准。⑥中央政府控制着地方政府

[①] 英国的"郡"与我国的"省"相当，"区"与我国的"市"相当。

的财政大权。

实际上,部分中央政府部门对地方政府的工作基本采取"放任主义"态度,中央政府和地方政府在共同完成一项任务时通常可以协商,甚至可以讨价还价。

(5)地方与地方关系

英国地方政府之间的关系是既有冲突和摩擦,又有联系和合作。冲突和摩擦主要是因为各个地方政府之间,特别是郡级政府与区级政府之间在职能和职权方面常有某些共同或者交错的区域。解决这种冲突和摩擦主要方法有两种:①制订新的法律和规章制度,对原先模糊不清的职能边界做出比较清晰的重新界定。②各级政府之间以成立联合协商委员会、各郡的区议会联合会、郡议会联合会、郡议会和各辖区议会的郡联合委员会等组织相互协商解决这种冲突和摩擦,这也是地方之间联系与合作的主要方式。

2.1.2.2 行政区划

根据1835年的《自治机构法》,各自治市(区)设立经选举产生的议会;1888年《地方政府法》规定在各郡建立以直接选举产生的郡议会;1894年《地方政府法》(*Local Government Act* 1894)又规定在郡议会下设立经选举产生的多功能管理机构;1889年《伦敦政府法》(*London Government Act* 1889)建立由选举产生的伦敦郡议会。自此,英国产生了以郡议会为第一级,以自治市(区)、都市区和乡村区议会为第二级的两级政府机构。英格兰19世纪至1963年前行政区划等级见图2-2,其郡级行政区划见图2-3。

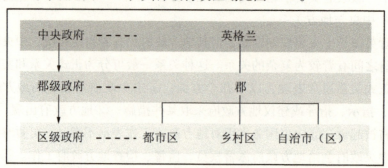

图2-2 英格兰19世纪至1963年前行政区划等级

资料来源:根据1835年《自治机构法》、1894年《地方政府法》(*Local Government Act* 1894)、1889年《伦敦政府法》(*London Government Act* 1889)绘制。

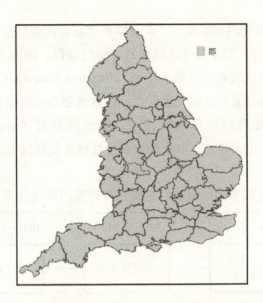

图 2-3 英格兰 19 世纪至 1963 年前郡级行政区划

资料来源：根据 1835 年《自治机构法》、1894 年《地方政府法》（*Local Government Act* 1894）、1889 年《伦敦政府法》（*London Government Act* 1889）绘制。

2.1.2.3 城市规划管理部门改革

英国是中央集权制国家，其行政体系实行中央政府—地方政府的两级管理体制。

（1）中央规划管理部门

1909 年《住房与城镇规划诸法》未颁布之前，所有的有关城市规划方面的法律法规都仅仅是对局部的住宅区、住宅区周边的环境治理提出规定，不涉及整个住宅区的规划控制。此阶段，由地方政府委员会负责全国的城市规划工作，地方政府的工作也仅局限于公共卫生和住宅开发方面。

在 1919 年《住房与规划诸法》的基础上，健康部（Ministry of Health）成立，取代地方政府委员会开始全面负责全国的城市规划工作。

1920 年，各郡议会之间成立了联合委员会（Joint Committee），集中处理各郡之间的城市土地开发控制问题。联合委员会根据区域城镇规划委员会（Regional Town Planning Committee）的要求，开始编制区域发展规划（Regional Development Plan）。

1921年，英国境内相继成立了联合城市规划咨询委员会（A Joint Planning Advisory Committee），用于召开区域规划的商讨会议。1926年，健康部又建立了负责伦敦地区区域规划的区域委员会（Regional Committee）。1928年，为了具体实施区域规划和管理区域土地开发，区域规划办公室成立。

1943年，城市规划机构经过改革，城乡规划部（Ministry of Town and Country Planning）正式建立，取代健康部行使城市规划权力。城乡规划部由城乡规划大臣主管。

1909—1950年间英国中央政府级规划管理部门调整过程见图2-4。

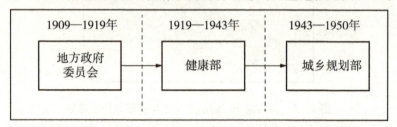

图2-4　1909—1950年间英国中央政府级规划管理部门调整过程

（2）地方规划管理部门

地方级城市规划管理部门一般包括郡级规划局和区级规划局。区级规划局负责编制城镇规划大纲，并进行开发控制。

2.1.3　规划编制体系

2.1.3.1　城镇规划大纲

城镇规划大纲大部分由自治市（区）和都市区议会单独编制，小部分是几个区（这里的"区"指区级政府）联合编制的。城镇规划大纲的内容较为简单，仅提出规划地区主要的交通网络规划、规划地区的建筑密度控制和城市用地划分。

城镇规划大纲的成果包括一份规划说明书和一套城镇规划图。一套城镇规划图包括道路交通规划图、建筑密度分区图、用地规划图等。规划说明书除了对规划图纸说明之外，还明确表示规划地区全部的开发项目（开发商能从规划说明书中清楚地得知其开发项目能否获得开发许可）。

根据1909年法案规定，地方政府编制城镇规划大纲时，必须向地方政府委员会提出申请，获得许可后才能编制；1919年法案取消了这一规定，无须经过申请即可编制。城镇规划大纲的编制过程一般包括：①准备议案，时间6个月。②准备提交初步报告书并获得健康部（之后是地方委员会，后面又改成城乡规划部）大臣批准，时间为6个月。③完成大纲草案，时间为12个月。④提交城镇规划大纲并获得健康部（或地方政府委员会，或城乡规划部）大臣批准，时间为6个月。城镇规划大纲至少需耗时两年半才能完成编制，如此冗长的编制过程常常引起规划的失效。

从1909年《住房与规划诸法》规定地方政府有权编制城镇规划大纲开始，由于其强制性的缺乏，该项规划编制工作进展缓慢，只有极少数的城市制定了规划方案。1919年法案开始强制性地规定所有的自治市、人口2万以上的城市区必须在三年之内制定城镇规划大纲，城镇规划大纲工作才正式如火如荼起来。1923—1926年间，各地方政府郡忙于编制城镇规划大纲。但到了1928年，262个城市中仍有98个城市没有完成城镇规划大纲的编制。1929年《地方政府法》提出推迟各地方政府完成城镇规划大纲编制的期限，规定各地方政府必须在1934年1月1日前完成编制工作。之后健康部再次将期限推迟至1938年12月31日，但实际上受"二战"影响这一目标仍未达成。

2.1.3.2 区域开发规划

区域开发规划（Regional Development Plan）由联合委员会编制，其中试点地区是曼彻斯特及附近地区。其实，此阶段提出的区域开发规划只不过是英国政府对区域规划的一种试探，它偏于规划研究方面，并无相关的法律文件使之法定化。

1926年，曼彻斯特区域规划取得很大进展。在此基础上，健康部开始商讨伦敦地区的区域规划，并建立了负责伦敦地区区域规划的区域委员会。1929年，关于伦敦地区区域开发的第一份研究报告出台。直至1942年，第二轮伦敦区域规划——大伦敦规划开始编制，英国著名规划师Patrick Abercrombie担任首席规划师，伦敦城市与郡委员会（The City and County of London）也同时参与了规划编制。1943年，以1929年伦敦开发规划为蓝本的伦敦郡规划编制完成。1944年，Patrick Abercrombie发表了《伦敦市的重建》的研究报告和完成了伦敦市规划。

至1944年，英格兰地区和威尔士地区71%的地方政府以联合规划委员会（Joint Planning Committee）的形式组合起来开展了区域规划研究。虽然此时的区域规划并无法定意义，但是这种尝试为英国政府后期开展区域协调合作奠定了十分有利的基础，较为有效地解决了因城市边界所导致的区域土地开发的矛盾。

2.1.4　规划审批与执行

2.1.4.1　规划审批

城镇规划大纲必须经过中央国务大臣（健康部、地方政府委员会或城乡规划部大臣）审批通过方可生效。

2.1.4.2　开发控制

英国的土地开发控制始于1909年的《住房与城镇规划诸法》，该法是英国政府颁布的第一部关于城镇土地开发控制的法律文件，它第一次提出了国家政府必须在全国范围内控制土地的开发，但仅局限于对城市区内和城区外的住宅区的开发控制。

1919年法案对城市土地开发控制第一次提出了"过渡开发控制"（Interim Development Control）的政策。该立法允许开发商在规划没有完成编制之前（时间限制在规划草案的工作阶段前后）提前进行开发活动，此类"提前开发项目"无须申请规划许可证（Planning Permission）。不过，此类开发活动开发商必须支付给地方规划当局一定数额的补偿金（Compensation）。在城镇规划大纲编制完成后，确认其提前开发的项目不违背规划大纲的基本原则，地方规划当局可退还补偿金。该法案还规定，如果此类"提前开发项目"在整个城镇规划大纲工作结束后还没有完成，刚开发项目则必须拆除或中止，规划当局无须对中止项目支付赔偿费用。

1922年《城镇规划过渡性开发控制规则》（The Town Planning General Interim Development Order）提出了开发控制的正式内容，即开发申请者必须提交规划申请（Planning Application）并获得规划许可证方可进行开发。地方规划当局无论是批准还是拒绝开发申请都必须有正式的法律文件。地方规划当局有权在签署规划许可证的同时，附带限制性条件。申请者不同意地方规划当局的最后决定（Planning Decision）可向中央国务大臣起诉。这一开发控制的工作内容一直沿用至今。（郝娟，1997）

1932年的《城乡规划法》将土地开发控制的范围扩展到城区所有的土地，并且对"过渡性开发控制政策"做出了新的规定，不再强调"提前开发项目"的时间限制，但是规定"提前开发项目"只要与编制完成的城镇规划大纲基本原则相矛盾，则必须拆除或中止。

以1909年《住房与城镇规划诸法》为起始点，1932年《城乡规划法》为终点，英国城市规划的开发控制完成了它的初始阶段进程。这一阶段的开发控制工作一直处于比较薄弱的状况。特别是过渡开发控制政策的实施，允许开发项目在规划编制完成之前进行，而城镇规划大纲的编制过程耗时较长，这样，城市开发的速度就会远远大于规划编制的速度，结果便是引起规划的延误和失效。

还有一个重要的问题，便是土地开发补偿和赔偿（Compensation/ Betterment），其根源是英国土地的私有制制度。1909年的规划法第一次正式以立法的形式确立了土地开发的补偿和赔偿政策，但实际上并没有真正开始实施。

所谓补偿和赔偿机制，便是受城市土地开发控制政策影响，地价可能会上升或下跌，对地方规划当局和土地拥有者双方而言的一种"补偿"机制。假如地价下跌，地方规划当局则应补偿一定数额的补偿金给土地拥有者；反之，地价上升，土地拥有者则应支付给地方规划当局一定数额的赔偿金。

1919年《住房与规划诸法》规定，无论何种情况下，由于城市规划方面的原因导致地价上升，地方规划当局都可从土地拥有者处获得收益50%的赔偿金。1932年法案又将赔偿金从50%上升至75%。当然，土地拥有者在完成土地出售或者开发项目完成后，确信其土地升值，才会支付赔偿费用给地方规划当局。如果土地拥有者在完成工商业项目开发5年后，或其他项目14年后，地价并无明显上升，土地拥有者则无须向地方规划当局支付赔偿金。

英国政府在实施这项土地补偿和赔偿政策时遭遇到了许多问题。一方面，地方政府希望控制所辖区内的开发活动，但开发活动减少会导致地价下跌，结果便是政府需要支付补偿金给土地拥有者，但巨大的数额政府难以支付。这样，地方政府则不得不允许增加土地开发，最终使土地开发量的不断增加，与地方政府的控制开发初衷相背。同时，早期的规划立法虽然规定了有关赔偿金的问题，但是并没有制定土地拥有者支付赔偿金的具体法律规定。这样，此段时间（1909—1947年）内，由于资金和规划延误等问题，导致早期的城市规划有着许多不成功的地方。

2.1.5 小结

自1909年第一部城乡规划法律颁布以后，英国的城市规划体系经历了从无到有的过程。其后，该体系一步步地完善，对20世纪初期盲目的土地开发问题起了较好的规划控制作用，即使这种规划控制收效十分有限。总的来说，此阶段的城市规划体系只是规划体系发展的初始阶段，是一种较为不成熟、不稳定、不完善的体系。

此阶段英国城市规划体系具有以下几个特点：第一，城市规划体系从无到有，并逐渐完善，地位得到不断提高，公众开始意识到规划的作用。第二，当时的城镇规划大纲实质上只是一种局部地区的"区划"，内容较为简单，只是一种较为机械的土地划分。第三，此规划体系是比较僵硬的，灵活性不足，因为城镇规划大纲一旦采纳，修改起来则极其困难，它很难适应英国社会经济快速发展的现实。第四，城镇规划大纲内容与开发项目糅合在一起，导致开发控制体系弹性不足，对土地开发管理极为不利。第五，城镇规划大纲的编制耗时过长，以及过渡开发控制政策的引入，规划编制的速度跟不上土地开发的速度，容易导致规划贻误和失效。第六，当时的土地补偿和赔偿机制仍不完善，导致地方政府难以有效地控制土地开发活动。

2.2 第二阶段：开发规划阶段（1947—1968年）

第二次世界大战后，英国政府面临着大量的战后重建工作。同时，人口继续向城市集中，城市蔓延现象仍然相当明显，城市交通问题日益严重。面对着大量的城市重建和城市开发的项目，一方面要求规划具有更高的约束作用，规划的法律地位必须提高；另一方面，要求规划必须有更多的灵活性，以适应城市大量的、形式多样的开发活动。原有的城市规划体系迫切需要新一轮的改革。

1947年《城乡规划法》的颁布，为战后的英国贡献了新的城市规划体系。它提出了一种比1909年立法规定的城镇规划大纲更为灵活的规划方式——开发规划（Development Plan）。该法案提出的开发规划为土地使用规划提供了基本的框架。自1947年《城乡规划法》开始,至1968年《城乡规划法》颁布为止,这一阶段是英国城市规划体系的开发规划阶段。

2.2.1 规划法规体系演进

1947年《城乡规划法》是一个全新的起点,它废除了先前所有的城市规划法令,并对规划法实施了全新的原则。该法案规定:①立法强制地方规划当局必须编制开发规划,编制开发规划时,须明确标明每一块用地的用途。②所有的土地开发都必须按照开发规划进行控制。③立法授权给地方规划当局,允许其自行处理违法开发项目。④如果开发商获得开发许可的项目,超出了现状土地的用途(即现状用地性质和其开发项目不一致),开发商必须支付给政府一定数额的开发费用(Development Charge)。⑤所有的开发项目在其进行土地开发阶段,可以从每年三千万英镑的政府补偿费中获得一定的补偿金。⑥如果开发商拒绝地方规划当局规定的开发项目,地方规划当局不再向开发商支付补偿金。1947年《城乡规划法》标志着英国城市规划立法体系的基本建立。(郝娟,1997)

英国政府又颁布多部法律,对1947年《城乡规划法》进行了修正和补充,分别是《城乡规划(修正)法》(1951年)、《城乡规划法》(1953年)、《城乡规划法》(1954年)、《城乡规划法》(1959年)。其中,1953年《城乡规划法》停止了政府每年提供三千万英镑的土地补偿费和取消了开发费用;1954年《城乡规划法》更是大大缩小了开发补偿的范围,只有当土地拥有者不能从开发项目中获得土地开发利润时才能获得补偿金;1959年《城乡规划法》规定进行任何强制性土地交易时,应按市场价格进行赔偿,取代了1947年按照一定数额索取赔偿的标准。

《城乡规划法》(1962年)是继1947年《城乡规划法》之后的又一部核心法,它废除了1947年至1959年间颁布的所有城乡规划法,将之前的所有规定都归结在这一部法案中,即先前的法律条文的废除实际上并不影响根据先前法案进行的相关活动。1963年《城乡规划法》又在1962年法案的基础上做了进一步修正和补充。

与开发规划阶段与城乡规划事务有关的议会法规还包括《工业布局法》(1945年,1950年)、《新城法》(1946年,1952年,1953年)、《专用道路法》(1949年)、《国立公园及乡村道路法》(1949年)、《矿区法》(1951年)、《城镇开发法》(1952年)、《征用土地与战争工程法》(1948年)、《土地法庭法》(1949年)、《战争破坏遗址法》(1949年)等。

英国 1947—1963 年城乡规划法的演进见表 2-2。

表 2-2 英国 1947—1963 年城乡规划法的演进

时间	法律	内容与特征
1947 年	《城乡规划法》*	该法案提出了一个新的规划内容——开发规划；该法规标志着这英国城市规划立法体系的基本建立；立法授权给地方规划当局，允许其自行处理违法开发项目；所有的开发项目在其进行土地开发阶段，可以从每年三千万英镑政府补偿费中获得一定的补偿金
1951 年	《城乡规划（修正）法》	对 1947 年法案进行了部分修订
1953 年	《城乡规划法》	该法案停止了政府提供年三千万英镑的土地补偿费和取消了开发费用
1954 年	《城乡规划法》	该法案大大缩小了开发补偿的范围，只有当土地拥有者不能从开发项目中获得土地开发利润时才能获得补偿金
1959 年	《城乡规划法》	该法案规定进行任何强制性土地交易时，应按市场价格进行赔偿，取代了 1947 年法案按照一定数额索取赔偿的标准
1962 年	《城乡规划法》*	该法案废除了 1947 年至 1959 年间颁布的所有城乡规划法，将之前的所有规定都归结在这一部法案中
1963 年	《城乡规划法》	对 1962 年法案做了进一步修正和补充

注：标 * 为规划核心法。

资料来源：根据大不列颠法律数据库（http://www.statutelaw.gov.uk/）整理绘制。

2.2.2 规划行政体系改革

2.2.2.1 行政区划改革

19 世纪英国建立起来的地方政府体系在 20 世纪 60 年代前基本未发生重大改革。自 20 世纪 60 年代起，中央政府遇到了地方政府行政区划分不清、管理紊乱、城乡对立等一系列麻烦,便决心改革地方政府。当然,此举蕴含着一个更重要的目的——中央决心加强对地方政府的控制和管理。于是,一系列地方政府法律法规便出台了。

1963年,保守党政府颁布《伦敦政府法》,正式建立大伦敦议会,下设32个伦敦自治市(区)。英格兰1963—1972年行政区划等级见图2-5,其郡级行政区划见图2-6。

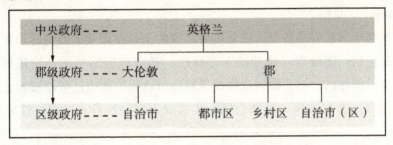

图2-5 英格兰1963—1972年行政区划等级

资料来源:根据1894年《地方政府法》(*Local Government Act* 1894)、1963年《伦敦政府法》(*London Government Act* 1963)绘制。

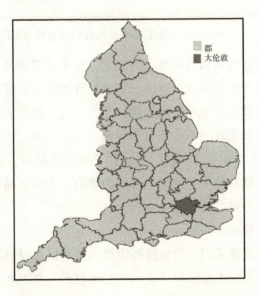

图2-6 英格兰1963—1972年郡级行政区划

资料来源:根据1894年《地方政府法》(*Local Government Act* 1894)、1963年《伦敦政府法》(*London Government Act* 1963)绘制。

2.2.2.2　城市规划管理部门改革

（1）中央规划管理部门

开发规划阶段前段时期由 1943 年正式成立的城乡规划部（Ministry of Town and Country Planning）行使全国城市规划权力。直至 1950 年，中央城市规划管理部门调整为住房和地方政府事务部（Department of Housing and Local Government）（见图 2-7）。

住房与地方政府事务部大臣需负责国家的土地使用政策的制订和实施，其具体职责包括：①批准（修改或不经修改）地方政府编制的开发规划。②批准地方当局颁布的，有关撤销或修改规划许可或强迫改变已被授权的土地使用方式的法令。③批准地方规划当局为实施规划强制执行或根据协议征用

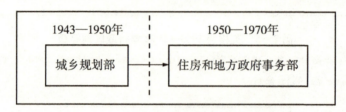

图 2-7　1947—1970 年英国中央政府级规划管理部门调整

土地。④有权听取地方规划当局做出的决定，拒绝或有条件地允许土地开发或设置广告。⑤有对开发规划的上诉时，进行公开调查。⑥管理地方规划当局综合开发与重建计划和各种规划支出经费。⑦负责对英格兰和威尔士对新城法的管理。⑧对地方规划当局的不合作给予制裁。

同时，1947 年《城乡规划法》还设置了中央土地局，它的职责是以开发费的形式收取由于规划所带来的土地价值的增值。中央土地局包括一个中央办公室和若干地区办公室。

（2）地方规划管理部门

地方城市规划管理部门一般包括郡级规划局和区级规划局。由郡级规划局和区级规划局联合负责本地区的调查、联合编制开发规划和实行开发控制。地方规划当局拥有自己的规划队伍，配备具有适当技能和管理才干的人员。其中，郡议会可以授予区级议会一些管理的职能。

如果地方规划当局认为对它们履行职责有利，尤其是对完善开发规划和开

发控制有利时，可以设置规划委员会。规划委员会可以在一个郡区或几个郡区设置小组委员会。但是，小组委员会的大多数成员必须是郡议会的成员或区议会的代表，其他成员可以从本区内其他有关方面的代表中增补。

此外，还有一个由住房和地方政府事务部大臣任命的新城开发公司，在大臣指定的地区内，为地方提供住房、公共设施，有权获得土地，有权对土地使用和其他财产进行安排，有权承担任何与新城开发目的相关的任何交易。

2.2.3 规划编制体系

2.2.3.1 编制主体

开发规划由郡政府和区政府联合编制。根据1947年立法规定，各地方规划局必须在三年之内完成本地区内的开发规划编制任务（截至1951年7月），但实际上这一进度推迟到1965年才完成。

2.2.3.2 编制内容

开发规划由郡政府和区政府联合编制。根据《城乡规划法》（1947年），开发规划的主要任务是为地方土地开发提出指导方针，提出道路网规划、公共建筑、市政工程、城市停车场的选址布点，对自然保护区、居住区、工业区和农业区的选址与规划提出要求。开发规划的成果包括现状调查报告（非法律性文件）、规划文本（Written Statement）和开发规划图。开发规划图包括郡开发规划图（County Map）和区开发规划图（Town Map）。

以《剑桥郡发展建议》（1950年）（Cambridge Development Proposals 1950）为例，其主要内容详见表2-3。《剑桥郡发展建议》（1950年）的主要内容包括道路建议、总体发展、大学与校园发展和中心区的发展四个方面，规划通过对未来需求量的预测，解决各类用地布局、各项设施的布局、具体的建设工程和建设时序。

表 2-3 《剑桥郡发展建议》(1950 年) 的主要内容

规划要目		规划内容
说明	—	城市发展面临的问题、规划的目标、规划参与者
道路建议	道路形式的增加和过去的建议	剑桥道路和交通发展的历程
	道路的线路和旁路 西剑桥的道路 东剑桥的改善	道路现状分析、交通量调查,建议需要改善的道路,并对道路的长度、宽度、建设时间提出要求;建议工程成本,分析主要道路与土地利用的关系;道路交通设施的改善措施、建设时间、工程成本
	中心区	道路交通改善措施,包括可达性、建设循环路线、合理布局商店、各主要道路功能的建议;主要街道的建设方案;道路交通设施,包括车站、路灯等的建设和改善
	中心的循环	循环交通的路线、交通措施
	小汽车和自行车的停放	停车场地布局、新建筑和公共设施的停车要求
	中心区的步行	建议步行路线
总体发展	人口	增长预测、各城镇的分配、密度
	住房	现状住房条件、预测住房需求、用地、规划进程
	就业	剑桥的就业吸引分析、就业政策
	未来的规模	就业规模
	各区的工作地点	提供工作岗位的用地的布局
	各区的开发规划纲要	各类用地的布局
大学与学院	—	现存建筑分布、新建建筑的选址、住宿需求与供应
中心区的发展	—	改变、商店的分布、中心区附近首层空间的利用方式与空间要求、商业首层空间的需求量、新的商业建筑的供给量与布局、建筑高度和密度、学院范围的发展
未来进程	结论	—
附件	表格、附录、索引	人口、交通、住房、土地等现状调查资料、预测与规划要求(具体的数据)

资料来源:根据《剑桥郡发展建议》(1950 年) (William Holford & Myles H. Wright. Cambrige Planning Proposals. Cambridge: Cambridge University Press, 1950) 整理。

《剑桥郡发展建议》（1950年）编制内容中开发规划的编制具有以下特点：①虽然开发规划的编制范围是整个郡，但规划的重点是在城市尤其是中心区，对乡村的规划并不注重。②20世纪50年代英国的法定规划主要关注两个方面，一是土地利用问题和各专项的规划，如住房、商业、就业等，主要解决的是土地的布局；二是交通问题，主要关注的是道路的新建和改造。③规划的方法，首先对城市人口、交通、住房、就业等方面的历史发展进行分析，对现状情况进行调查，得到充分的数据，采用数学方法进行预测，进而提出数量上的和土地布局的建议，采用的是"调查—分析—规划"的方法。④虽然开发规划的编制范围是整个郡，但开发规划只提出具体的开发建议，并没有战略性的内容，开发规划只是实施性规划。⑤规划主要针对的是新开发项目，控制的方式以定量控制为主，主要的控制要素包括土地利用、建筑建造和交通管理等方面的要求，具体要素见表2-4。⑥开发规划对于城市设计、历史保护、环境保护、社会问题、经济发展等方面尚没有考虑。总的来说，开发规划是物质空间形态规划，作为地方建设的详细蓝图或总体规划。

表2-4 开发规划对新开发的控制体系

控制要素	具体内容
土地利用	土地利用性质、用地面积、用地边界、容积率、住房密度
交通管理	停车位
建筑建造	建筑密度、建筑高度、建筑层数

资料来源：根据《剑桥郡发展建议》（1950年）（William Holford & Myles H. Wright. Cambrige Planning Proposals. Cambrige：Cambrige University Press. 1950）整理。

1965年，住房和地方政府事务部组建的"规划顾问团"在《开发规划的未来》的研究报告中，对开发规划的编制提出了三个方面的批判：首先，开发规划过于具体，没有弹性，给予地块精确的土地利用功能，导致开发规划难以适应影响土地使用和曲直空间开发不可预测的变化，导致规划很快过时。其次，城镇规划工作应该关注更为广泛的问题，而不只是现在规划极力强调的集中于物质设计和美学等事务。最后，开发规划不够专门化，在某些方面过于具体，某些方面过于抽象，未能体现战略规划和详细规划的区别，两头落空；对于长远的战略规划而言，开发规划的具体性不是一个适宜的工具手段，由于开发规划只是一个土地利用规划，其"细致度"不足以支撑高质量的地块规划和城市设计。

2.2.3.3 编制过程

开发规划由郡政府和区政府共同编制,必须经过国务大臣批准。开发规划编制过程包括两个阶段。首先由郡政府编制规划大纲(Outline Plan),主要内容是地区内的土地开发政策,作为地方制定具体政策的基本原则,规划大纲须提交国务大臣审批。经过批准后,区政府根据规划大纲编制详细的开发规划,详细计划需要明确指出每一块用地的用途和具体的规划政策作为开发控制的直接依据,详细规划编制完成后也需要经国务大臣批准。具体的编制程序见图2-8。开发规划的期限为20年,每五年修订一次,但在尚未到达修订期限时,也可以酌情更改开发规划。

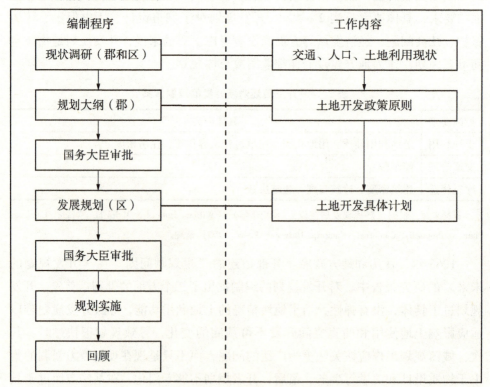

图2-8 开发规划的编制程序与各阶段工作内容

资料来源:根据参考文献(郝娟.西欧城市规划理论与实践.天津:天津大学出版社,1998)整理。

开发规划的编制过程比较简单，没有公众参与阶段。但开发规划需要完成两个阶段的规划，需要经过两次国务大臣的审批，整个编制过程时间并不短。由于规划缺少公众参与的阶段，使得开发规划因为无法认识到规划行为会对社会群体产生不同分配效应而受到批判。

2.2.4　规划审批与执行

2.2.4.1　规划审批

开发规划由中央国务大臣（城乡规划部大臣或住房和地方政府事务部大臣）审批。国务大臣可以以他认为方便的方式批准开发规划，或对开发进行修改。大臣也可以只批准和修改上报的开发规划中的一部分。

2.2.4.2　执行体系

与城镇规划大纲相比，开发规划只提出土地开发的规划政策而不涉及具体的开发项目，开发商不能直接从开发规划中得知其开发项目能否获得开发许可，而必须向地方规划当局申请规划许可后才能确定其项目是否能获得许可（对具体的开发项目，地方规划当局能根据规划政策和具体情况酌情决定其规划许可）。至此，开发规划和开发控制才正式分开。

1947年《城市规划法》颁布后，城市开发控制的工作过程和具体开发控制手段也基本定型。所有土地开发和建筑项目必须根据开发规划申请规划（Planning Application），并获得开发规划许可（Planning Permission）。开发商不服地方规划当局的决策，可直接向中央国务大臣上诉（Planning Appeal），地方规划当局有权对违法建设实行强制性政策，发布强制性执法通告（Enforcement Notice）等。

1950年后，英国工党政府执政，提倡给城市开发一定的自由度，减少中央政府对地方政府开发建设的干预，以鼓励城市开发。政府先后颁布了《城乡规划（土地使用分类）规则》［Town and Country Planning (Use Classes) Order］、《城乡规划（一般开发）规则》［Town and Country Planning (General Development) Order］和《城乡规划（特殊开发）规则》［Town and Country Plan-

ning（*Special Development*）*Order*]，规定了一系列不需要申请规划许可的开发项目。

20世纪60年代保守党执政后，又继续实行严格的开发控制政策，强化了城市土地开发控制的立法系统，并将开发控制的范围扩展得更大。

关于开发补偿和赔偿。1947年《城乡规划法》还规定，所有的开发项目在其进行土地开发阶段，可以从每年三千万英镑政府补偿费中获得一定的补偿金。为了补偿由于规划限制所造成的贬值，1953年和1954年城乡规划法提出了一个新的赔偿制度，废除了中央土地局的许多职责。1953年《城乡规划法》规定政府停止提供年三千万英镑的土地补偿费，同时停止实施支付开发费。1954年《城乡规划法》更是大大缩小了开发补偿的范围，只有当土地拥有者不能从开发项目中获得土地开发利润时才能获得补偿金。

2.2.5 小结

与城镇规划大纲阶段相比，1947年《城乡规划法》中的开发规划只提出土地开发的规划政策而不涉及具体的开发项目，正式把开发规划和开发控制分离开来，使得开发规划的灵活性要强于城镇规划大纲。从城市规划体系的角度思考，开发规划阶段比城镇规划大纲时期的初始阶段要完善得多。1947年法案提出的开发规划实施后，在相当长的时间内发挥了强大的作用，城市发展处于规划的有效控制和指导之下，市场自发力量在空间布局中的作用受到了限制。

2.3 第三阶段："二级"体系（1968—1985年）

随着英国社会经济情况在20世纪60年代的快速发展，开发规划在新的历史条件下显示出了它的局限性和不适应性。1964年，住房和地方政府事务部组建"规划顾问小组"（Planning Advisory Group）并全面评价了1947年的规划体系。该小组于1965年发布了名为《开发规划的未来》（*The Future of Development Plan*）的研究报告，该报告指出1947年开发规划存在的几个主要问题：第一，开发规划集中考虑的问题是在城市土地利用问题，缺乏对社会、经济和环境问题的关注。第二，开发规划中的规划大纲和详细的开发规划两部分内容都必须经过中央主管城市规划的国务大臣批准，容易导致权力过分集中，同时，国务大臣过量的工作的结果便是审批时间过长，容易引起"规划贻误"(Planning Delay)，耽误发展，不能对迅速变化的情况做出调整。第三，开发规划的详细规划内容未能达到立法规定的深度，不能直接用于开发控制，致使地方规划局承担了巨大的工作压力，直接影响其行政效率。

因此，该小组建议英国政府采用一种"灵活"的新的规划体系，取代原来单一的、机械的开发规划形式；建议新体系必须能够使效率在城市规划中促进社会平等，能够把城乡规划作为一个整体，能够促进农村和文化娱乐地区的规划。

1968 年，英国保守党政府颁布了《城乡规划法》(1968 年)，于 1971 年 7 月 1 日生效。该法案将 1947 年的开发规划分成两部分，即战略性的结构规划 (Structure Plan) 和实施性的地方规划 (Local Plan)，它们构成了英国城市规划的"二级"体系 ("Two-Tier" System)。

2.3.1 规划法规体系演进

1968 年颁布的《城乡规划法》可分成六部分：①对旧规划体系中的开发规划的内容和形式进行更新，即由结构规划和地方规划替代开发规划的内容。②关于如何改变 1947 年法案中的规划控制实施办法。③对规划上诉提出了详细的规定。④关于地方政府强制购买土地的政策。⑤关于制定保护古建筑和古建筑集中区的有效措施。⑥简要地评价了英国城市规划立法体系。

1971 年工党执政后，政府又重新颁布了《城乡规划法》(1971 年)，同时废除了从 1962 年至 1968 年政府制订的所有城乡规划法。1971 年立法是继 1962 年立法之后的又一部核心法。主要内容包括以下几个方面：①提出了有关开发规划和开发 (Development) 的定义。②重申了任何开发活动都必须申请开发许可证，方可进行开发。③允许环境事务大臣制订开发规则 (Development Order)。④特殊开发项目申请开发许可证时，必须列入专项申请范围并公示，让公众参与讨论。⑤环境事务大臣保留"审查" (Call-in) 任何规划申请的权力。⑥保留申请者向环境事务大臣提出规划起诉的权力。⑦关于开发商与地方规划当局签署提前开发的协议规定。⑧有关强制执行政策和中止通告的发布规定。

1972年，英国政府颁布《城乡规划（修正）法》，该法对1971年立法做了部分修改，主要包括：①各地区和各郡除了完成结构规划之外，相邻地区和相邻郡还必须编制联合结构规划（Joint Structure Plans），以控制相邻地区或郡的结合地带的开发。②修正结构规划的调查程序，将公众咨询（Public Inquiry）改变成公众审查（Public Examination）。③取消大伦敦地区的结构规划。④严格控制历史保护地区的建筑拆除工作。⑤延长对办公区的开发控制期限。

之后，1974年《城乡规划法》进一步修订和完善了1972年立法；1977年《城乡规划（修正）法》扩大了1968年立法中关于"中止通告"的适用范围。1980年《地方政府、规划和土地法》对1971年立法中的土地开发内容做了部分修改和完善，1981年的《地方政府与规划（修正）法》对1971年立法中的关于执法通知和规划上诉做了补充和完善。

英国1968—1985年城乡规划法的演进见表2-5。

表2-5 英国1968—1985年城乡规划法的演进

时间	法律	内容与特征
1968年	《城乡规划法》	该法案建立了由结构规划和地方规划构成的"二级"体系；对规划起诉提出了详细的规定；关于地方政府强制购买土地的政策；关于制定保护古建筑和古建筑集中区的有效措施；简要地评价了英国城市规划立法体系
1971年	《城乡规划法》*	该法案提出了有关开发规划和开发的定义；重申了任何开发活动都必须申请开发许可证，方可进行开发；允许环境事务大臣制订开发规则；特殊开发项目申请开发许可证时，必须列入专项申请范围并公示，让公众参与讨论；环境事务大臣保留"审查"任何规划申请的权力；保留申请者向环境事务大臣提出规划起诉的权力；关于开发商与地方规划当局签署提前开发的协议规定；关于强制执行政策和中止通告的发布规定

续表 2-5

时间	法律	内容与特征
1972年	《城乡规划（修正）法》	该法案规定各地区和各郡除了完成结构规划之外，相邻地区和相邻郡还必须编制联合结构规划，以控制相邻地区或郡的结合地带的开发；修正结构规划的调查程序，将公众调查改变成公众质询；取消伦敦地区的结构规划；严格控制历史保护地区的建筑拆除工作；延长对办公区的开发控制期限
1974年	《城乡规划法》	该法案进一步修订和完善了1972年法案
1977年	《城乡规划（修正）法》	该法案扩大了1968年立法中关于"中止通告"的适用范围
1980年	《地方政府、规划和土地法》	该法案对1971年立法中的土地开发内容做了部分修改和完善
1981年	《地方政府与规划（修正）法》	该法案对1971年立法中关于执法通知和规划上诉的内容做了补充和完善

注：标 * 为规划核心法。
资料来源：根据大不列颠法律数据库（http://www.statutelaw.gov.uk/）整理绘制。

2.3.2 规划行政体系改革

2.3.2.1 行政区划改革

1972年颁布、1974年生效的《地方政府法》把英格兰划分为大伦敦区、6个大都市郡和39个非大都市郡。大伦敦区下设32个自治区（市）和1个伦敦市；各个郡下原有的1 250个自治市、都市区、乡村区议会被调整为333个区议会；在6个大都市区，组成6个都市郡，分别为大曼彻斯特、默西塞德、泰恩-威尔、西约克郡、南约克郡、西米德兰，六郡下辖36个大都市区。以英格兰为例，其1972—1985年行政区划等级见图2-9，其郡级行政区划见图2-10。

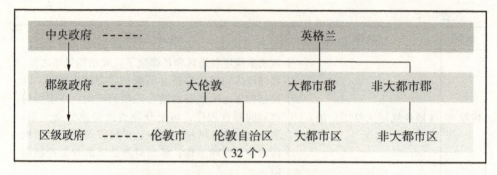

图 2-9　英格兰 1972—1985 年行政区划等级

资料来源：根据 1972 年《地方政府法》(Local Government Act 1972) 绘制。

图 2-10　英格兰 1972—1985 年郡级行政区划

资料来源：根据 1972 年《地方政府法》(Local Government Act 1972) 绘制。

2.3.2.2　城市规划管理部门改革

（1）中央规划管理部门

1970 年以前，住房和地方政府事务部负责土地利用规划和环境保护方面的工作，公共建筑和公共工程部与交通部则负责公共市政工程方面的工作，比如道路交通、管网工程等。1970 年，英国政府把前面三部合并成一个部——环境事务部（Department for the Environment），由其全面地负责英国地区的城市规划和城市开发控制工作。（见图2-11）该工作包括制订规划政策和地区开发政策，监督地方政府完成城市开发控制任务，全面负责新镇开发和住宅建设以及制订有关内城开发的政策等。环境事务部中环境事务大臣为决策人物，环境事务大臣是内阁大臣，有城市规划立法权、管理权和司法权。

环境事务部下设六个管理机构，分别为地方政府管理局、环境保护局、两个规划局（一个负责新城镇和内陆地区的规划，一个负责伦敦与东南部区域、地区组织、保护、体育、娱乐和农业的规划）、财政局和环境污染中央理事会。

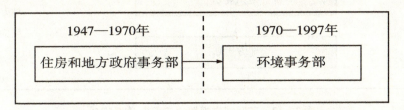

图2-11　1947—1997年英国中央级规划管理部门调整

（2）地方规划管理部门

地方级规划管理部门基本保持不变，一般包括郡级规划局和区级规划局。由郡级规划局负责编制结构，区级规划局负责编制地方规划和进行开发控制。

2.3.3　规划编制体系

2.3.3.1　体系构成

1968年后，英国城市规划体系逐渐趋于完善，国家规划政策指引（Planning Policy Guidance，简称PPG）、区域规划导则（Regional Planning Guidance，简称RPG）、结构规划和地方规划构成国家、区域、地方三个层面的完整的规划体系。虽然国家规划政策指引和区域空间导则不是法定规划，但二者对地方层面的结构规划和地方规划起了很好的政策指引作用。英国城市规划"二级"体系构成具体见图2-12。

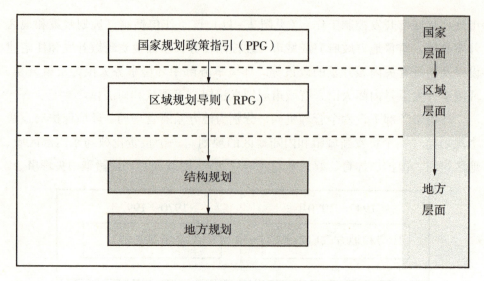

图 2-12 英国城市规划"二级"体系构成

注：不同填充色用以区别城市规划体系中的法定规划和非法定规划，深色填充为法定规划。

2.3.3.2 编制内容

（1）结构规划编制内容

结构规划由郡政府负责编制。结构规划属于战略性规划，其任务是为郡未来 15 年或以上的发展提供战略性的发展框架，解决发展和保护之间的平衡，确保地区发展与国家和区域政策相符合，为地方规划的制定提供框架。结构规划的基本内容，首先是提出郡范围内的总体发展战略，其次是有关就业、住房、城市中心、交通和基础设施等方面的内容。尽管国家对结构规划的内容范围有一定的要求，但各地在实践过程中，针对本地区所面临的主要问题，规划内容的侧重点有所不同。

结构规划的最终成果由规划文本（Written Statement）、规划总图（Proposal Map）和规划说明备忘录组成，但只有规划文本和规划总图须经过审批，最终具有法律效力。规划文本是用来阐述土地利用有关的政策和建议，由一张主图来说明。规划的文本和主图必须附有说明备忘录，对规划文本中的一些主要事项，包括：如何与周围地区的发展相联系；如何考虑国家和区域的规划政策以及其他对规划的执行有影响的社会、经济、资源等方面因素，或直接对规划的结论加以解释和说明。

以《剑桥郡和彼得区结构规划》(2003年)(*Cambrigeshire and Peterborough Structure Plan* 2003)为例。剑桥郡位于英国的东部区域,人口约60万,彼得区位于剑桥郡的北部,人口约16万。《剑桥郡和彼得区结构规划》(2003年)规划内容包括说明、全郡的发展战略和次区域发展战略等三部分,详见表2-6。

表2-6 《剑桥郡和彼得区结构规划》(2003年)的主要内容

	规划要目	主要内容
第一部分	说明	面临的挑战;结构规划简介;交替的需要;区域的关系;发展规划体系的修正;地方研究
第二部分	预测	人口、住房、就业、零售业空间分布
	现状与未来发展策略	区域性质;全郡战略目标和可持续发展战略;战略挑战;发展的方式;发展的环境约束;建设发展的可持续设计;规划、监测和管理
	就业与经济发展	近来经济发展的趋势;经济前景;就业预测、战略、分布;战略性就业位置;就业群的发展和扩散;装配、仓储和制造业;农业经济
	城市、城镇和乡村中心	最近的趋势和预测;位置类型的定义;中心的活力和吸引力;可以吸引大量人口的用途;地方服务和设施;乡村服务和设施
	旅游、娱乐和休闲	旅游、娱乐和休闲战略;乡村地区的非正式娱乐;保护开放空间和娱乐设施;与水相关的娱乐设施
	居住	住房分配;重复利用已发展的土地和住房;密度;满足地方鉴别住房的需求;乡村的住宅
	发展支撑	与发展相关的供给;地方和战略伙伴;防洪、排水、通信
	资源、环境和遗产	自然和人文遗产的场所;生命力;乡村强化区域;景观;城市边缘;历史建筑和考古上的遗产;能源;水、土地和空气;水资源;矿产;矿物供应;新的沙砾工作;废弃物;可持续的废弃物处理;废弃物处理设施的选址
	交通	可持续发展(土地利用和交通的联系);新开发交通的可持续性;运输空地规划;小汽车旅行的管理要求;停车供给;改善公交车和社区交通服务;改善铁路服务;步行和骑车;公众道路权的供给;交通投资优先;货运交通、停车场地的供给;铁路货运交换场地的保护;空运服务

续表 2-6

	规划要目	主要内容
第三部分	剑桥次区域的战略	近来的趋势；剑桥次区域的愿景；剑桥次区域的战略；战略的完成；住房发展战略；剑桥绿带；新的居住地；市场城镇；经济复兴；先前建立的新居住地和农业中心；簇群的提升；就业发展的选择性管理；基础设施供给；交通战略；零售业的供给
	彼得区和北剑桥的战略	彼得郡和北剑桥的愿景；住房分配；经济和社会的复兴；市场城镇；彼得郡；经济发展；汉普顿；零售业供给；交通战略

资料来源：根据《剑桥郡和彼得区结构规划》（2003年）（Cambrigeshire County Council and Peterborough City Council. Cambrigeshire and Peterborough Structure Plan 2003. http：//www.cambrigeshire.gov.uk/）整理。

  第一部分规划说明，主要内容有规划实施面临的挑战、结构规划性质的简介、规划变更的说明、区域政策背景、发展规划体系的修订和相关的地方研究的介绍。第二部分为全郡的发展战略，规划首先对郡内各区至2016年的人口、住房、就业和零售空间分布进行预测；然后，指出郡的发展目标，可持续发展的方式、发展的机遇、限制和挑战，规划的监测和管理系统；随后，对各专项包括就业与经济发展，城市与乡村中心，旅游、娱乐与休闲，住房，资源、环境与遗产保护，交通，基础设施的发展政策进行了详细的说明。各项发展政策的制定，通过研究现状的数量和分布的情况，预测未来发展的需求量和合适布置的区位，提出发展目标、发展措施、规划设计要点和管理措施。第三部分是对郡内的两个次区域——剑桥次区域、彼得区和北剑桥的区域内部的发展战略规划，包括对次区域的发展目标、整体发展战略、就业与经济发展、住房、城镇中心、零售业、交通、基础设施等方面的规划。规划着重在次区域范围内对城镇资源的整合以及具体的发展，规划深度比第二部分要深，各专项涉及的要素更多。剑桥郡和彼得区结构规划见图 2-13。

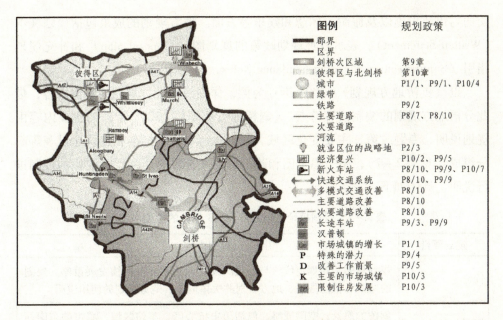

图 2-13 剑桥郡和彼得区结构规划

资料来源：《剑桥郡和彼得区结构规划》（2003年）（Cambrigeshire County Council and Peterborough City Council. Cambrigeshire and Peterborough Structure Plan 2003. http://www.cambrigeshire.gov.uk/）

从《剑桥郡和彼得区结构规划》（2003年）的编制内容来看，结构规划的编制具有以下特点：①结构规划是对郡发展的宏观层面的引导，规划着重在整体区域发展的目标。对于各专项的具体发展，首先提出在整体区域发展的目标和策略，预测整体的需求量，然后落实到各区的数量和布置，为地方规划提供了发展框架，引导各地的土地布局。②结构规划的主要内容涉及发展条件分析、就业、住房、城镇中心、娱乐、休闲、交通、资源、环境、遗产等各方面，以可持续性发展为规划原则，提出相应的发展政策。③结构规划是以就业的预测和分布为前提，对住房、商业、工业、娱乐与休闲等用地类型提出规划要求，以此引导各区的土地利用开发。

（2）地方规划编制内容

地方规划由区政府负责编制。地方规划属于实施性规划，其任务是制定未来十年详细发展政策和建议。地方规划的政策必须与结构规划的发展政策相符合，因此，地方规划专题同结构规划没有太大的区别。一般来说，地方规划的规划专题有住房，绿带和保护地区，工业、商业、零售业和其他就业的发展，交通与市政设施以及旅游、休憩和娱乐等方面。地方规划的成果包括规划文本（Written Statement）、表示各种规划政策的规划图（Proposal Map）和补充规划指引（Supplementary Planning Guidance Notes，简称SPGN）。

以《剑桥地方规划》（2003年）为例，详细说明地方规划的工作内容，借此分析地方规划的编制内容特点。《剑桥地方规划》（2003年）的主要内容由规划说明、专题政策、主要变化区域、规划执行、规划标准和建议建设表等部分组成（见表2-7），由一幅主图和若干图则（见图2-14）对地块的控制进行说明，具体如下：

表2-7 《剑桥地方规划》（2003年）的主要内容

规划要目	规划内容
简介	规划目的、规划定位、与上层次规划的关系、可持续发展策略、规划的监测、社区战略、地方规划的法律地位、地方规划的使用说明
愿景与战略	剑桥的愿景；空间战略，包括历史核心区、车站区域、城市的东南西北各部、居住区、绿带等区域的空间保护或发展战略
规划设计	可持续发展策略；提升质量策略，包括城市背景、城市特色的保护、与周边区域环境的呼应、协调发展、鼓励混合利用、成功社区的考虑要素、开放空间的供给、水体的保护、外部环境设计、建筑与环境的设计、新建筑的设计、高楼与天际线控制、扩建建筑控制、商店围栏和标识等方面
城市与自然环境的保护	保护自然环境，包括绿带、开敞空间、城市特色自然资源、树木、国家级保护区、物种以及地方生物多样性行动规划；建成环境的保护，包括古纪念碑及古建筑的区域、知名建筑、保护区域、地方级的保护建筑；环境污染控制及防洪，包括开发活动与污染、空气质量管理区域、光污染控制、防洪
住房	住房，包括住房供给、用途的转换、住房的转换、住房的流失、满足住房需求、促进就业发展以满足住房需求、资助性住房及住房的多元所有、旅游者住宿、为残疾人准备的住房、混合开发；社区设施，包括现有设施的保护、新设施的配置、通过新的开发来提供社区设施及健身设施

续表 2-7

规划要目	规划内容
旅游、娱乐、休闲和服务	休闲，包括休闲设施的保护、新的休闲设施；旅游，包括旅游食宿、旅游的吸引力；购物，包括城市中心的商业、中心区用途的改变、区级或地方级商业中心的开发与改变、便利店、零售仓储、食物及饮料控制
就业与学习	就业，包括就业分布、经济的选择性管理、工业与仓储用地的保护、促进组团开发；继续教育及高等教育，包括剑桥大学区域中心的系科发展、剑桥西部与 Madingley 路南部、剑桥大学员工和学生的宿舍、Anglia Ruskin 大学东路的校园、Anglia Ruskin 大学的学生旅馆、经营性的学生公寓、语言学校
交通及其服务	交通，包括发展的空间选址、交通影响、步行及单车的可进入性、步行与单车网络、自行车的停靠、公共交通的可进入性、公共交通的用地、商业用车及其服务、沿路停车场地、新道路；飞机场，包括剑桥飞机场、剑桥机场公共安全区；电子通讯；能源资源，包括开发项目中的可再生能源、非可再生能源；给排水系统、废物处理
主要变化的区域	主要改变区域的长远指引；城市边缘区的发展；剑桥东部、南部和北部；Huntingdon 路与 Histon 路之间的土地；车站区域
执行	基础设施的改善；监测与修编
附表	附表 A 开放和休憩空间的建设标准；附表 B 开放空间的评定标准；附表 C 停车标准；附表 D 自行车停车标准；附表 E 特定进程；附表 F 建议进度表；参考资料；术语表；规划图

资料来源：根据《剑桥地方规划》（2003 年）（Cambrige City Council. Cambridge City Council Local Plan 2003. http://www.cambridge.gov.uk/）整理。

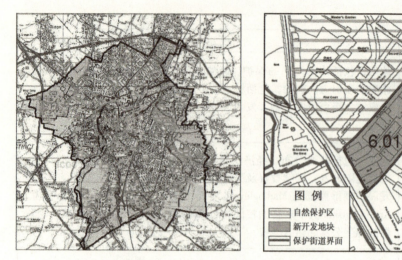

图 2-14　《剑桥地方规划》（2003 年）的规划主图（左）和规划图则（右）

资料来源：《剑桥地方规划》（2003 年）（Cambrige City Council. Cambridge City Council Local Plan 2003. http://www.cambridge.gov.uk/）。

规划说明是对地方规划的目的、定位、规划原则、规划依据、法律地位和使用的说明，使公众对规划有基本的了解。

专题政策是地方规划的核心内容，包括规划目标，空间战略，规划设计，城市与自然环境保护，住房，旅游、娱乐、休闲和服务，就业与学习，交通及其服务等方面。专题政策主要是落实结构规划对本地区的要求、细化开发策略，实现可持续发展。该部分的规划政策以定性控制的方法为主。

规划执行包括规划的执行措施和监测、回顾机制。

附表一般包括开放和休憩空间的建设标准、开放空间的评定标准、停车标准、自行车停车标准、特定进程和建议日程表（Proposals Schedule），其中，建议日程表是对规划区内新建地块的控制表。

规划图主要反映的要素是各类保护区域的界线和新开发地块的位置。

从《剑桥地方规划》(2003年) 可以发现地方规划在编制内容上的特点: ①地方规划的编制范围是区,为整个区提供实施性的规划政策,但规划政策涉及要素十分多,但以定性控制的方法为主,规划仍具有很大的灵活性。②地方规划除了涉及住房、交通、就业等专题外,还涉及自然环境、历史建筑与城市特色环境的保护等方面。规划以可持续发展为目标。各项规划政策还体现了对弱势群体的关注,鼓励土地的混合利用。③地方规划针对城市更新和新开发项目都提出了规划建议。规划控制的方式采用定性控制和定量控制结合,但定量控制的指标并不多,主要有土地利用、建筑建造和交通管理等方面的要求,同时各地块还必须满足某些定性政策的要求,具体见表2-8。总的来说,地方规划是以提供政策指引为主,结合规划技术对地方开发建设的规划方式。地方规划不再是简单地提供"地方建设的详细蓝图"。

表2-8 地方规划对开发的控制体系

控制要素	具体内容
土地利用	土地利用性质、用地面积、用地边界、住房密度
交通管理	停车位数量与设计、无障碍设计
建筑建造	开放空间建设要求、建筑形式、建筑高度

注: 加框要素 (如 $\boxed{A}$) 为定性控制,其他为定量控制。

资料来源: 根据《剑桥地方规划》(2003年) (Cambrige City Council. Cambridge City Council Local Plan 2003. http://www.cambridge.gov.uk/) 整理。

2001年由环境、交通与区域部发布的《城市规划绿皮书》对当时的英国城市规划运作体系进行了评估。该报告认为地方规划编制内容过于细致,过于具体、综合,这使它们不能为地方发展提供清晰的战略,对于实施地区的政策也变得不明显。

2.3.3.3 编制过程

(1) 结构规划编制过程

根据《城乡规划 (发展规划) 条例》(1999年) [*The Town and Country Planning (Development Plan) (England) Regulations 1999*],结构规划的编制程

序可以分为三个阶段：调研磋商阶段、咨询完善阶段、审批修改阶段。（见图 2 – 15）

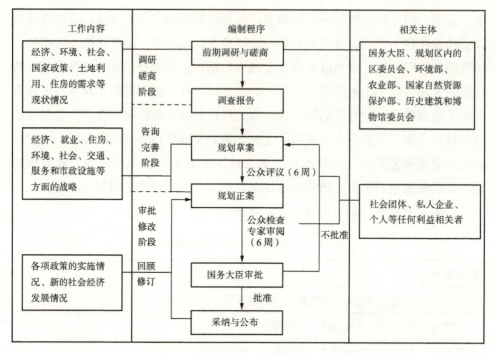

图 2 – 15　结构规划的编制程序、各阶段的工作内容与相关主体

资料来源：根据《城乡规划（发展规划）条例》（1999 年）［Ministry of Justice. The Town and Country Planning (Development Plan) (England) Regulations 1999. http://www.statutelaw.gov.uk/］整理。

调研磋商阶段：由郡政府组织规划小组进行，调研包括对规划范围内的经济、环境、社会、国家政策、土地利用、住房的需求等现状情况的调查以及对国务大臣、规划区的区委员会、环境部、农业部、国家自然资源保护部、历史建筑和博物馆委员会的咨询，由此形成调查报告。

咨询完善阶段：规划小组根据调查报告，提出规划目标和基本政策，形成规划草案。社会团体、私人企业、个人等任何利益相关者可以在法定要求的 6 周的公众咨询期间提出意见。规划小组根据公众意见规划正案。

审批和修改阶段：规划正案经过 6 周的公众检查、专家审阅，国务大臣根据公众评议的意见对结构规划进行审阅。规划批准即可实施，不批准则需要返回规划草案阶段进行修改。

规划实施的过程中，郡政府规划部门须对各项政策的实施情况进行年度监测和定期回顾，根据新的社会经济发展情况进行修订。

(2) 地方规划编制过程

地方规划的编制过程包括调研、磋商、质询和修改四个阶段。（见图2-16）

调研阶段：区规划部门负责调研工作，对规划范围内的社会经济发展情况、人口的结构和分布、土地利用现状、土地规模、社区基础服务设施等情况进行详细调查，并形成调查报告。区规划部门根据调研报告和其他相关资料，编制第一轮规划草案。

磋商阶段：区规划部门通过各种方式（报纸、广播等）对规划草案进行为期6周的宣传，使社会各界都有机会了解规划和对规划发表意见。这个阶段的主要磋商对象是相邻地区的规划部门、市政和公用设施部门，以及相关的中央政府部门。在磋商的基础上，区规划部门对规划草案进行必要的修改，形成第二轮规划草案，然后提交郡级规划部门，以审核该地方规划是否与结构规划的政策相符合。

质询阶段：区规划部门完成各种磋商以后，将第二轮规划草案公布，进行为期6周的公众质询。如果公众没有任何意见，规划直接被采纳。如果公众有意见，区规划部门将对符合程序的所有书面意见进行分析，以非正式的方式与提出意见各方进行沟通，试图解决分歧。如果不能解决分歧，则需要举行公众听证会。听证会必须提前6周通知当事双方，由规划督察员主持。督察员听取当事双方陈述的证词和提供的证明，提出是否需要修改以及如何修改地方规划的书面建议。区规划部门有权决定是否采纳督察员的建议，并且对于每项决策做出正式陈述。督察员的建议、地方规划部门的决策与对地方规划的任何重要修改都要公布。（唐子来，1999）

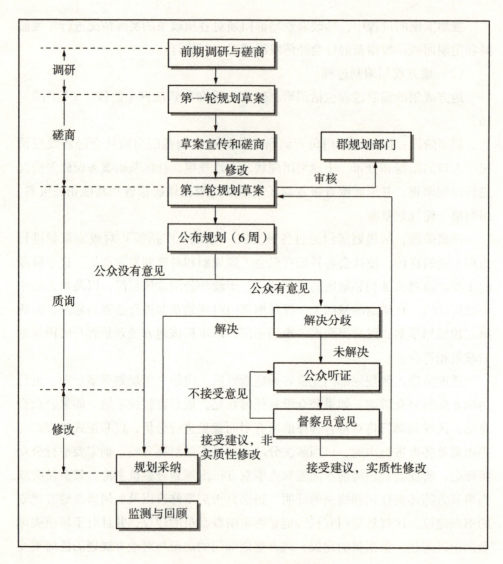

图 2-16 地方规划的编制程序

资料来源：根据《城乡规划（开发规划）条例》（1999年）[Ministry of Justice. The Town and Country Planning (Development Plan) (England) Regulations 1999. http://www.statutelaw.gov.uk/] 整理。

修改阶段：如果区规划部门接受督察员的所有建议，同时认为这些建议并不构成对地方规划的实质性影响，就会发出告示，并在28天后正式采纳该地方规划。如果地方规划部门接受督察员的建议，并对地方规划进行了实质性修改，必须刊登告示，允许公众在6周内对修改部分提出异议。如果督察员的任何一项建议没有得到落实，区规划部门必须允许公众在6周内对此提出异议。在上述的第二、第三种情况下，只能针对督察员建议的修改部分提出异议，如果不能通过磋商解决分歧，则有可能举行第二轮听证会，但这种情况并不常见。（唐子来，1999）

2.3.4 规划审批与执行

2.3.4.1 规划审批

结构规划由中央国务大臣（环境事务部大臣）审批，地方规划一般由地方政府自行审核批准即可。但是，国务大臣可以在任何时间"审查"地方规划的内容，并提出修改意见。

2.3.4.2 执行体系

1968年《城乡规划法》对规划上诉提出了详细的规定。一般情况下，起诉者应先向规划督察员提出申诉，规划督察员审查规划上诉案件，并出具书面报告，上报至环境事务大臣做最后的判决。同时，根据1968年立法，地方政府有权强制购买土地，以满足实施规划所需要的土地。

1971年《城乡规划法》提出了开发的定义，它不仅指建造、工程和采掘等物质性作业，还包括建筑物和土地用途的变更。

除了上述变化外，英国1968—1985年间的土地开发控制基本按照1947年立法确定的开发控制体系执行。

2.3.5 小结

"二级"体系与第二阶段的开发规划相比，有以下几个方面的进步：①与1947年规划体系中的开发规划全部由中央国务大臣审批的程序相比，"二级"体系中的结构规划虽然仍需国务大臣批准，但地方规划只需要由地方规划审批即可，如此可加快规划审批的速度，不至于让规划速度远落后于开发的速度，可一定程度上地减少规划"贻误"。②"二级"体系将战略性内容和实施性内容分离，与1947年规划体系中的开发规划将两者糅合在一个文件中相比，"二级"体系的可变性更大，也更灵活，对于未来发展的不确定更具有适应性。③"二级"体系中的结构规划和地方规划的编制都明确规定了公众参与的阶段，公众参与是规划上报审批的必要前提。这与1947年规划体系中开发规划编制没有明确的公众参与阶段相比，具有非常巨大的进步性。

2.4 第四阶段："双轨制"（1985—2004年）

1985年，英国政府颁布了新的《地方政府法》，该法案废除了6个大都市郡议会和大伦敦地区郡议会，分别被32个伦敦自治区议会和36个大都市区议会取代。自此，6个大都市郡和大伦敦地区的郡一级地方政府便被撤销，其下原属区级政府变成自治政府，直接受中央政府管辖。

因此，根据1985年《地方政府法》，这些地区原本由郡政府负责编制的结构规划便不再编制，而是由其区级政府负责编制一种新的规划形式——整体发展规划（Unitary Development Plan）；非大都市郡则仍采用原来的由结构规划和地方规划构成的"二级"体系。如此，英国城市规划体系便保持着结构规划、地方规划和整体发展规划并存的局面。本书将这一时期称之为英国城市规划体系的"双轨制"阶段。

1992年，英国政府又颁布了新的《地方政府法》，该法案提出了一种新的区划模式——单一管理区。该行政区划调整于1996年完成，它打破了1974年行政界限调整形成的一些特大的郡，并恢复了一些早期的历史界线。1992年的行政区划调整使得"双轨制"变得更为复杂。虽然这些单一管理区直接归中央政府管辖，但它们并不像大都市区一样都编制整体发展规划。这些单一管理区的规划编制存在两种情况：①某些面积较小的单一管理区与其相临近的郡共同编制结构规划，如彼得区与邻近的剑桥郡共同编制结构规划，区内辖属地方政府负责编制地方规划。②单一管理区较为集中的地区联合编制结构规划，各个单一管理区编制地方规划。

2.4.1 规划法规体系演进

除了上述1985年和1992年的地方政府法之外,英国政府在1985—2004年间还颁布了多部与城市规划相关的重要的法律。

1985年,英国政府先后颁布了《城乡规划(赔偿)法》和《城乡规划(修正)法》,这两部法律分别对1971年立法中的赔偿制度和历史保护地区的政策做了部分修改。

1986年,《住房和规划法》颁布,该法第二部分是关于简化规划区(Simplified Planning Zones)的内容。该法规定地方政府可以设置简化规划区,采取与企业特区相同的开发控制方法,用于吸引投资和刺激经济发展。

1990年,《城乡规划法》《(历史建筑和保护区)规划法》《(危险物质)规划法》《(综合规定)规划法》四部法案先后颁布,形成了一个统一的规划法体系。其中,1990年《城乡规划法》是英国现代城市规划体系的又一部核心法。该法案废除了1971年以来的规划法,共计15部分337条款,内容包括规划当局、发展规划、开发控制、规划影响的赔偿、规划执法等方面。《(综合规定)规划法》是针对执行1990年其他三法的立法机制。

1991年,《规划与赔偿法》(*Planning and Compensation Act* 1991)取代了1990年《城乡规划法》第五部分内容,对规划赔偿制度进行了更新。

英国1985—2004年城乡规划法演进见表2-9。

表2-9 英国1985—2004年城乡规划法演进

时间	法律	内容与特征
1985年	《城乡规划(赔偿)法》	该法案对1971年立法中的赔偿制度做了部分修改
1985年	《城乡规划(修正)法》	该法案对1971年立法中的历史保护地区的政策做了部分修改
1986年	《住房和规划法》	该法案规定地方政府可以设置简化规划区,采取与企业特区相同的开发控制方法,用于吸引投资和刺激经济发展

续表 2-9

时间	法律	内容与特征
1990 年	《城乡规划法》*	该法案共计 15 部分 337 条款，内容包括规划当局、开发规划、开发控制、规划影响的赔偿、规划执法等方面
1990 年	《（历史建筑和保护区）规划法》	该法案是关于历史建筑和保护区规划的法案
1990 年	《（危险物质）规划法》	该法案是关于危险物质规划的法案
1990 年	《（综合规定）规划法》	该法案是针对执行 1990 年其他三项法案的立法机制
1991 年	《规划与赔偿法》	该法案取代了 1990 年《城乡规划法》第五部分内容，对赔偿制度进行了更新

注：标 * 为规划核心法。

资料来源：根据大不列颠法律数据库（http://www.statutelaw.gov.uk/）整理绘制。

2.4.2 规划行政体系改革

2.4.2.1 行政区划改革

根据 1985 年颁布的《地方政府法》，英格兰撤销了大伦敦地区、6 个大都市郡郡一级议会，只保留 32 个伦敦自治区议会和 36 个大都市区议会，这些郡的结构规划便不再编制，仅由区级政府负责编制整体发展规划。英格兰 1985—1992 年行政等级见图 2-17，其郡级行政区划见图 2-18。

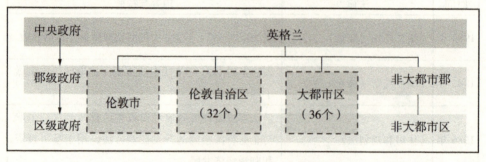

图 2-17　英格兰 1985—1992 年行政等级

资料来源：根据 1985 年《地方政府法》（Local Government Act 1985）绘制。

图 2 - 18　英格兰 1985—1992 年郡级行政区划

资料来源：根据 1985 年《地方政府法》（*Local Government Act* 1985）绘制。

根据 1992 年颁布的《地方政府法》，英国政府对行政区划进行了新一轮的调整。这次调整打破 1974 年行政界线调整以来形成的较大的郡，并恢复一些历史界线，一些以前较大的两级管理机构（郡和区）分解成了更多的独立的"单一管理区"。英格兰 1992—1997 年行政区划等级见图 2 - 19。

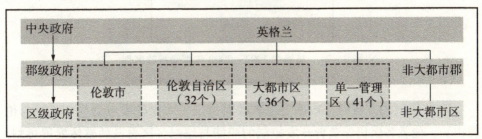

图 2 - 19　英格兰 1992—1997 年行政区划等级

资料来源：根据 1992 年《地方政府法》（*Local Government Act* 1992）绘制。

根据 1998 年颁布的《区域发展机构法》（*Regional Development Agencies Act* 1998），英国将成立区域政府。同时，英格兰建立了区域政府办公室（Region Government Officie）、区域发展机构（Region Development Agency）和区域议院（Region Council）作为核心的区域政府构架。英格兰 1998—2000 年行政区划

等级见图 2-20，其郡级行政区划见图 2-21。

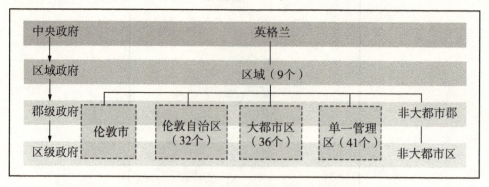

图 2-20　英格兰 1998—2000 年行政区划等级

资料来源：根据 1998 年《区域发展机构法》（*Regional Development Agencies Act 1998*）绘制。

图 2-21　英格兰 1992—2000 年郡级行政区划

资料来源：根据 1992 年《地方政府法》（*Local Government Act 1992*）绘制。

2000 年《地方政府法》确定伦敦政府重设了大伦敦委员会（GLA）与伦敦市长。伦敦各区仍然负责开发控制的职能与编制各区自己的整体发展规划，但通过重要的战略性项目的规划许可申请时，各区必须听从伦敦市长的意见。英格兰 2000 年以来行政区划等级见图 2-22，其郡级行政区划见图 2-23。

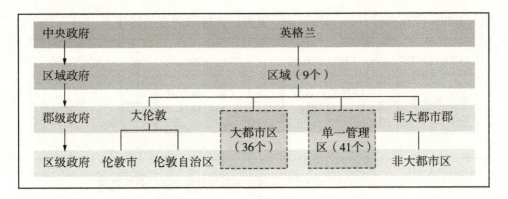

图2-22　英格兰2000年以来行政区划等级

资料来源：根据2000年《地方政府法》（Local Government Act 2000）绘制。

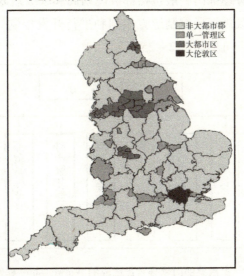

图2-23　英格兰2000年以来郡级行政区划

资料来源：根据2000年《地方政府法》（Local Government Act 2000）绘制。

2.4.2.2　城市规划管理部门改革

（1）中央规划管理部门

受20世纪80年代后期在欧美各国兴起的"政府再造"运动的影响，英国的城市规划管理部门做出了多次相应的部门调整。（见图2-24）1997—2001年间，英国政府由环境、运输和区域部主管全国城市规划工作；2001—2002年间则由运输、地方政府和区域部负责；2002年5月又调整为由副首相办公室（Office of Deputy Prime Minister）负责，直接归副首相领导。

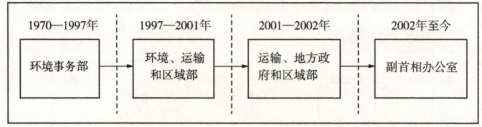

图 2-24　1997—2002 年英国中央级规划管理部门调整过程

（2）地方规划管理部门

地方城市规划管理部门一般包括郡级规划局和区级规划局。由郡级规划局编制结构规划，区级规划局编制地方规划和进行开发控制。以 Warwickshire 郡为例，其郡政府管理机构如图 2-25 所示。

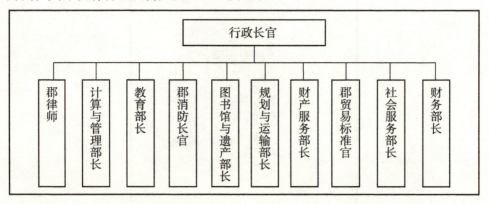

图 2-25　由重要部门领导官员组成的 Warwickshire 郡管理机构

资料来源：于军. 英国地方行政改革研究. 北京：国家行政学院出版社，1999：25. 有改动。

2.4.3　规划编制体系

2.4.3.1　体系构成

1985 年后，英国城市规划体系构成包括国家层面的国家规划政策指引（PPG）、区域层面的区域规划导则（RPG），以及地方层面的结构规划、地方规划和整体发展规划。（见图 2-26）其中，地方层面的结构规划、地方规划和整体发展规划为法定规划。

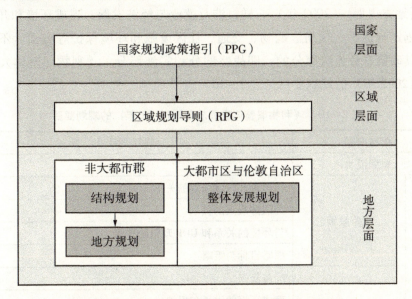

图 2-26　英国城市规划"双轨制"阶段体系构成
注：不同填充色用以区别城市规划体系中的法定规划和非法定规划，深色填充为法定规划。

2.4.3.2　编制内容

"双轨制"阶段的结构规划和地方规划的编制内容和"二级"体系阶段保持不变。

整体发展规划由大都市区政府负责编制的。整体发展规划吸取了原来规划体系中"结构规划"和"地方规划"两者的优点，整体发展规划的第一部分集中在明确战略政策上，类似于结构规划，而第二部分则是详细的土地利用问题和具体的地区规划，类似于地方规划。整体发展规划的规划成果与地方规划的基本相同。

以《利物浦整体发展规划》（2002 年）（*Liverpool Unitary Development Plan 2002*）为例。利物浦位于英国西北部，原来的默西塞德郡内，1985 年成立大都市区后开始编制整体发展规划。《利物浦整体发展规划》（2002 年）的规划编制内容包括规划说明、专题政策、附录三个部分。其中，专题政策又包括了战略政策（相当于结构规划）和实施政策（相当于地方规划）两部分。规划说明与地方规划的基本相同，即对本规划的目的、定位、规划原则、规划依据、法律地位和使用的说明，使公众对规划有基本的了解。专题政策，基本和《剑桥地方规划》（2003年）一样，涉及就业与经济发展、建成环境和开敞环境的划定与保护、住房、购物、交通、社区设施和环境保护等方面。不同的是，其政策是分为两部分的，即战略部分和实施部分。《利物浦整体发展规划》（2002年）的规划要目见表2-10。

表2-10 《利物浦整体发展规划》（2002年）的规划要目

编制内容		规划要目
规划说明		简介
专题政策	战略政策	与国家和区域规划的关系
		与团体政策的关系
		与环境的关系和UDP政策的评价
		战略目标与策略
	实施政策	经济复兴
		建成环境的继承和保护
		开敞环境
		住房
		购物
		交通
		社区设施
		环境保护

资料来源：根据《利物浦整体发展规划》（2002年）（Liverpool Metropolis County. Liverpool Unitary Development Plan 2002. http://www.liverpool.gov.uk/）整理。

《利物浦整体发展规划》（2002年）的规划成果的分析中可以得出整体发展规划编制的主要特点：①从规划层面上看，整体发展规划包括宏观和微观两方面。宏观方面，阐述了大都市区规划与国家、区域层面规划的关系，阐述了大都市的发展目标、空间策略以及与土地利用相关的各种发展政策。微观方面，对各专项的规划做出详细的实施政策。虽然，整体发展规划包括结构规划和地方规划两部分，但其中的结构规划的对象是单个城市而不是郡。因此，总体而言，整体发展规划的规划层面是以微观为主，与地方规划较为接近。②从规划内容上看，整体发展规划基本与地方规划相同，都涵盖了住房、就业、学习、设计、建筑保护、环境保护、交通、服务等城市生活的各方面。③从控制方式上看，整体发展规划与地方规划基本相同，以定性控制为主，定量控制的指标并不多。

2.4.3.3 编制过程

"双轨制"阶段的结构规划和地方规划的编制内容与"二级"体系阶段保持不变。

整体发展规划的编制程序与地方规划类似，区别在于地方规划的审核部门是区级规划部门，而整体发展规划的审核部门是中央城市规划主管部门，由中央国务大臣做出最终决策。

2.4.4 规划审批与执行

2.4.4.1 规划审批

结构规划和整体发展规划是由中央国务大臣审批，区级政府的地方规划可自行审批，但须得到郡级规划部门的认可，保证它与郡级结构规划是一致的。

2.4.4.2 执行体系

从1985年至1990年，英国政府先后颁布了10多部有关城市规划和开发控制的法律，对土地开发控制体系影响较大的几部法律包括：①1987年《城乡规划（土地使用分类）规则》，它把土地使用划分成若干基本类型，建筑物和土地的用途在同一类型内的变化不构成开发活动，因而也就不需要规划许可。②1988年《城乡规划（一般开发）规则》，它界定了可以免予规划许可的开发活动。③《城乡规划（特殊开发）规则》，它界定了特定地区的开发活动不受地方规划部门控制。比如，新城由新城开发公司负责，城市开发区由城市开发公司负责，国家公园由国家公园管理机构负责，但是要求这些开发活动与地方规划相符。

1990年《城乡规划法》颁布后，城市土地开发控制全部按1990年立法执行。1990年立法第三部分是关于开发控制的内容，它确定了一般开发控制的规则和程序，明确地提出了规划许可、规划上诉、规划协议和规划执法等四方面的内容。

（1）规划许可

根据1990年《城乡规划法》，开发控制的主要依据是地方规划，规划部门还需要考虑其他具体情况。在处理规划申请时，规划部门必须与利益相关团体（Interest Groups）和政府部进行磋商。

规划部门必须在收到规划申请后的8周内做出决定，其结果包括无条件许可、有条件许可和否决三种可能。有条件许可时，法律规定该附加条件应该是必要的、与规划相关和与开发项目相关的，同时还应该是可行的、明确的、合理的。

所有的规划许可都有时间限制。在规划许可的有效期限内，如果开发商没有动工建设，规划许可就会失效。但是，法律对此没有具体规定，开发商只需象征性地开工建设，就可以使规划许可继续有效。

如果地方规划部门要批准的开发项目不符合地方规划，必须先将规划申请公布，使公众有发表意见的机会，同时上报中央国务大臣[①]审核。但是，中央国务大臣审理的规划申请都是比较重大的开发项目，一般需要举行公众听证会，才能进行最终决策。

（2）规划上诉

在规划申请被否决或规划申请被有条件许可时，如果开发商不服，可以在6个月的时间内向中央国务大臣提出上诉。规划上诉包括三种方式，分别为书面陈述、非正式听证会和正式的公众听证会。一般的规划上诉由中央国务大臣任命的规划督察员来审理，重大的规划上诉案件则需由中央国务大臣根据督察员的建议来决策。

中央国务大臣的决定是最终行政裁决，如果开发商对此决定还不信服，只能向高等法院提出申诉。申诉理由必须是开发控制的决策超越了法定权限或不符合开发控制的法定程序。

（3）规划协议

根据1990年《城乡规划法》，地方规划部门可以与开发商达成具有法律

---

① 文中的中央国务大臣，如果没有特别说明，一般情况下是指中央主管城市规划部门的大臣。

效力的规划协议,要求开发商提供公共设施作为规划许可的附加条件。在基础设施缺乏或者不足的地区,只有开发商能够提供或者完善这些基础设施,其规划申请才能够获得许可。

规划协议的要求必须与开发活动直接有关,相对于开发项目的规模和类型而言,地方规划部门提供给开发商的规划协议的要求必须是公平的、合理的。如果在开发商拒绝规划协议的情况下,该规划申请被否决,开发商可以提出上诉。

(4) 规划执法

对于违法的开发活动,地方规划部门可以发出"执法通知"。所谓违法的开发活动,包括在没有取得规划许可或规划许可已经失效的情况下进行的开发活动,以及违反了规划许可的规定条件的开发活动(包括改变土地用途)。

如果开发商对于执法通知不服,有权提出上诉,但必须在28天之内将上诉材料寄至中央规划主管部门。在上诉期间,执法通知暂时无效,开发活动可以继续进行。但是,这样的上诉过程往往耗时几个月,特别是要举行地方听证会的上诉。因此,1986年《住房和规划法》增加了"停建通知"条款,使得规划部门能够及时阻止违法开发活动的继续进行。不过,规划部门需谨慎地使用"停建通知"。如果开发商胜诉,地方规划部门必须赔偿由于停建造成的全部项目损失。

2.4.5 小结

"双轨制"是对英国城市规划"二级"体系的进一步完善,主要体现在以下四个方面:①"双轨制"适应了行政区划调整,满足了中央政府加强对地方政府,特别是经济较为发达的、城市化水平较高的城市的控制要求。②"双轨制"包含了"二级"体系中结构规划和地方规划的内容,并且将结构规划和地方规划的优点融合在整体发展规划中,为后期的地方发展框架的提出奠定了一定的基础。③在大都市区和伦敦自治区,整体发展规划直接经中央国务大臣审核即可,与原来的结构规划向中央国务大臣报批和地方规划自行审批的程序相比,省去了一个规划操作过程,有利于规划行政效率的提升。④与"二级"体系阶段的开发控制体系相比,"双轨制"阶段的开发控制体系更加完善。

2.5 第五阶段："新二级"体系（2004—2010年）

2001年，环境、交通与区域部发布了《城市规划绿皮书》，对由结构规划—地方规划和整体发展规划构成的"双轨制"进行了评估，该报告认为"双轨制"阶段的城市规划体系存在以下几方面的问题：

一是规划体系过于复杂，令公众难以理解。部分地区的规划体系为四级结构（国家—区域—郡—区），部分地区为三级结构（国家—区域—区）。整个国家的规划体系过于复杂，规划的结构、内容、编制过程令公众难以理解。同时，规划体系层次过多，各层次规划完成时间不一致，地方规划易与上层次规划产生矛盾。

二是规划编制速度慢，缺乏前瞻性。规划层次过多、程序过于繁复，导致规划编制速度慢，缺乏前瞻性，使得规划申请过程变慢、规划申请决策结果难以预测，从而使开发商利益受损，影响了城市经济的复兴。另外，地方规划和整体发展规划均采用五年回顾制，时间较长，使得规划政策对现实环境做出快速反应的能力较为薄弱，开发控制或引导开发的灵活性不足。

三是地方规划和整体发展规划的地方规划部分的编制内容过于细致，过于具体。这使得它们不能为地方发展提供清晰的战略，对于近期需要快速投建的区域的政策也变得不明显；同时，造成规划回顾费时费力，难以反映国家、区域新的政策以及地方环境的改变。

四是规划决策速度慢，更新过程昂贵，规划申请决策难于预见结果，从而减缓了城市开发的速度，阻碍了城市经济发展。图2-27是英国地区规划申请及其决策的情况，可见超过一半的地区的规划申请决策率低于65%，只有很少地区超过80%。

五是社区公众参与困难。首先，规划程序过于拖延，社区公众和开发商很难有兴趣持续参与。其次，一些规划程序过于严肃，使得参与规划的公众需要一些专业的知识，有时公众需要提出专业的建议，这阻碍了一般公众的参与。最后，规划体系过于复杂，公众理解困难，导致参与困难。

在上述背景条件下，2004年英国政府颁布《规划和强制性购买法》，该法取消了结构规划、地方规划和整体发展规划，由地方层面的地方发展框架取代，并且将区域层面的区域空间战略法定化。自此，英国城市规划体系开始进入由区域空间战略和地方发展框架构成的"新二级"体系阶段。

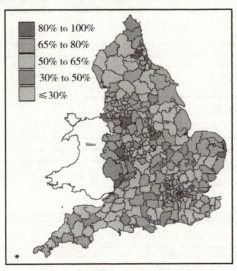

图2-27 英格兰地区规划申请的决策率

资料来源：Department for Transport, Local Government and the Regions. Planning Green Paper Planning: Delivering a Fundamental Change. 2001.

2.5.1 规划行政体系

如今，英格兰共有四种不同等级的行政区划，分别是区域（Region）等级、郡（County）等级、区（District）等级与教区（Parish）等级。具体见第三章"英国现行城市规划行政体系"部分。

2.5.2 规划编制体系

自2004年《规划与强制性购买法》确立的区域空间战略与地方发展框架的英国城市规划"新二级"体系，也分成国家、区域与地方三个层面（见图2-28）。国家规划政策陈述（Planning Policy Statement，简称PPS）是国家层面的政策指引；区域空间战略是由区域政府编制的区域层面的法定规划，用以指导地方发展框架与地区交通规划；地方发展框架是区级政府编制的地方层面的法定规划，地方发展框架不仅必须在垂直方向与国家与区域的规划政策相一致，还必须在水平方向上与专项规划、战略相协调。

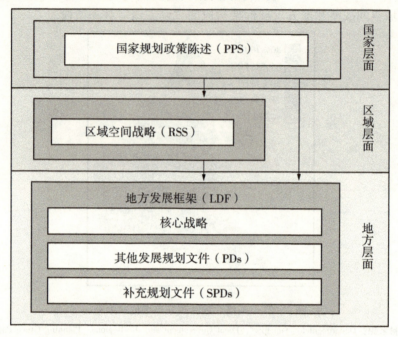

图 2-28　英国城市规划"新二级"体系阶段体系构成
注：不同填充色用以区别城市规划体系中的法定规划和非法定规划。

2.5.2.1　区域空间战略编制内容

区域空间战略由区域政府负责编制，由中央国务大臣审批。区域空间战略将原来分离的区域交通战略整合进来，为地方发展文件（Local Development Documents，简称 LDDs）、地方交通规划（Local Transport Plannings，简称 LTPs）和土地使用活动计划提供一个空间框架的参考。

区域空间战略主要编制内容超越了传统土地利用规划，它整合了土地开发与利用政策，包含其他影响到地区特性及其如何运作的政策与计划。编制内容涵盖了可持续发展、经济、游憩、交通、环境保护、文化等多方面的内容，每个区域可以根据自身的特点和需要做出适当的调整。区域空间战略政策主题都需要在区域层面确定一个战略性框架，并确保通过相应的地方发展框架来推进，在整体上需要考虑各个政策部门的战略、规划和计划，建立彼此理解与支持的途径，确保政策在整体与部分之间、区域与地方之间、战略与行动之间的连续性。区域空间战略的规划成果包括规划文本、示意图和补充规划文件。

以《英格兰东部区域空间战略》（2002年咨询稿①）（*The Regional Spatial Strategy for the East of England* 2002）为例，规划范围为英格兰东部区域所有郡、区和"单一管理体制"。《英格兰东部区域空间战略》（2002年咨询稿）主要编制内容见表2-11。

表2-11 《英格兰东部区域空间战略》（2002年咨询稿）主要内容

规划要目	主要内容
背景	国家规划政策指引、上版规划执行的情况
愿景与目标	英格兰东部区域经济、空间、环境、交通发展的愿景与具体的目标
核心空间战略	规划原则：聚焦优势经济，聚焦于区域中心，通过新的选址来传递高质量经济的发展，加强与欧洲及区域内联系，考虑自然、社会、环境、农村地区的发展 一般性政策：实现可持续的发展，空间战略的全程监控，城市周边地区的发展政策，已开发的土地与建筑的利用，城镇中心布局与发展，交通战略，绿带，城乡结合部与农村地区的开发，区域经济发展策略，优先复兴的地区，健康，教育及社会参与，住房供应，防洪与城市发展，海岸线，建筑环境质量
次区域及地区的政策	剑桥次区域的愿景和发展目标 一般性政策：住房及相关设施的选址，住房供给量及其分配，高科技集群布局与发展，区域经济的管理，基础设施配置
经济发展、商业及旅游	人力资源发展，就业增长预测，就业用地的选址办法，战略性就业选址的分配，支持经济多元化及商业发展，信息交流技术，支持集聚发展，简化规划区，商业中心的分布，商业发展战略与商业分布，向城镇外的商业扩散，旅游，区域性机场分布
住房	2001—2021年的居住分配，廉租房与房屋类型的混合，住房发展的各个阶段
区域交通战略	区域交通战略的目标，公共交通供给与区域换乘中心，战略性换乘中心，港口与水运，机场，战略性网络结构，战略性公共交通服务，战略性公路网的保持与管理，战略性铁路网的保持与管理，次区域的交通，环境与安全，步行与单车，公共交通的可达性，交通管理，公路收费，停车场，投资优先权

---

① 咨询稿对于一些重要的规划政策提供了选项（Options），为公众提供选择。

续表 2-11

规划要目	主要内容
环境资源	环境设施布局与发展，景观特征，生物多样性与遗迹，林地，历史环境，农业、土地与土壤，空气质量，可再生能源与能源有效性，水资源的供应与管理，排水，废弃物的管理，英国东部内产生废物的管理，区域性自我有效性，灾害废物，区域性废物管理战略，矿物供给与运输，矿物循环/再处理场所，矿物整体管理，矿物规划的可持续路径，矿物监控
文化	文化发展，战略性游憩、运动、休闲、艺术或旅游设施的提供与选址，艺术，运动设施，休闲以及自然资源

资料来源：根据《英格兰东部区域空间战略》（2002 年咨询稿）（Government Office of the East of Endland. The Regional Spatial Strategy for the East of England. http://www.gos.gov.uk/）整理。

分析《英格兰东部区域空间战略》（2002 年咨询稿）的规划成果，可以得出区域空间战略编制的主要特点：①从规划层面上看，区域空间战略属于区域层面的宏观规划，衔接了国家规划政策指引与地方发展框架，它要为地方发展规划提供一个战略政策框架，同时在技术上也是可以向下延伸的。对于政策表达的深度，它遵循的原则是：限于区域和次区域重要的问题，但足够详细，可以为地方发展框架或其他次区域/地方战略与计划提供清晰的指引，同时在提供清晰战略框架和避免不必要的细节之间取得正确的平衡，细节的标准应根据有关政策主题、政策实施方式和区域环境而变化，这使得区域空间战略既符合作为区域或次区域战略层面的政策原则，也使得对重要议题的研究可以必要地深入，不至于不切实际地空谈战略。②从规划内容上看，区域空间战略涵盖了住房、就业、学习、设计、建筑保护、环境保护、交通、服务等城市生活的各方面。

2.5.2.2 区域空间战略编制过程

区域空间战略的编制程序包括了三个主要的阶段：规划草案形成，评估、修订与采纳，实施、监测和回顾的后循环过程，具体见图 2-29。

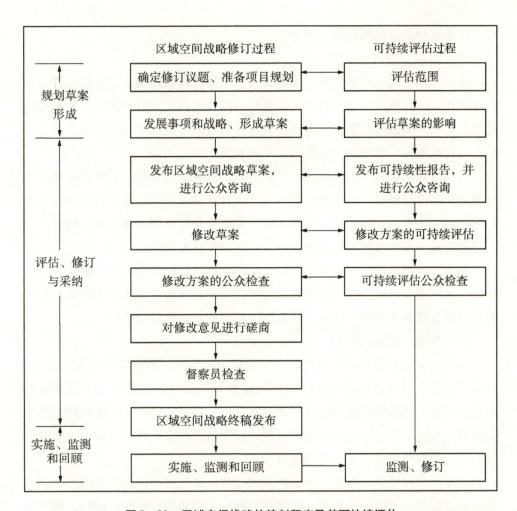

图 2-29 区域空间战略的编制程序及其可持续评估

资料来源:Office of the Deputy Prime Minister. Planning Policy Statement 11:Regional Spatial Strategies. London:HMSO,2004.

各阶段的工作安排具体如下:

(1) 规划草案形成

首先,由区域规划机构确定区域空间战略修订的各项议题,与区域政府办公室讨论修订草案准备的方式和时间表,然后拟定一个项目规划,并向公众发布。对修订草案的可持续评估(Sustainability Appraisal,简称 SA)也同时开展,确定评估的范围。随后,区域规划机构确定修订案的不同战略选项,并发展扩充为详细的政策,区域规划机构需考虑检验不同选项在不同情境的敏感性，作为可持续评估报告的一部分。

(2) 评估、修订与采纳

区域规划机构复制多份修订草案文件、可持续评估以及其他支撑文件提交国务大臣、区域政府办公室负责人以及规划涉及的其他部门和团体，这些部门或负责人对草案进行评估，并可以提出意见。规划草案还需进行公众咨询，为公众的讨论提供一个机会，公众可以发表意见。

评估过程结束后，区域规划机构对收集的意见进行处理，并根据处理结果对规划草案进行修改，形成修订案以及一个修正的可持续评估报告，允许至少8周时间的评论。公众检查结束后，由国务部任命的督察小组主持，检查区域空间战略有关事项的恰当性及其编制，并发布督察报告。

区域空间战略采纳与发布，其中包含国务部最后的修改和相应的修改理由声明、区域规划机构发布一份整理过的可持续评估报告，说明评估结果和收到的意见是怎样被考虑的，以及选项选取的理由和监控的计划阶段。

(3) 实施、监测和回顾

区域空间战略的实施程序是通过区域规划机构和区域政府办公室的支持，确保下一层次的发展规划文件（地方发展框架的部分内容）和地方交通规划与之相一致。区域空间战略的监测和回顾是由区域规划机构联络区域政府办公室和其他利益相关者，监控区域空间战略设定目标的实施结果，确定补救的措施，在适当的时候开展进一步的修订。

这是一个以议题和目标为导向的决策过程，据此缩小讨论的范围，确保政策发展过程中有效的公众参与，创造对目标更大可能的一致性；同时，使可持续评估与过程一体化发展，验证规划政策符合区域发展的综合目标。它对整个过程中的公众参与和伙伴协作途径进行了详细的规定，确保了在每个具体的阶段和环节都具有可操作性。这样一个经过充分讨论的修订案被认为是更有说服力的报告，为以后的监控、回顾和新的修订提供了良好的基础。

地方发展框架是区级政府编制的地方层面的法定规划，地方发展框架不仅必须在垂直方向上与国家与区域的规划政策相一致，还必须在水平方向上与专项规划、战略相协调。地方发展框架是由一系列规划文件与图纸组成，包括社区参与陈述（Statement of Community Involvement，简称 SCI）、年度监测报告（Annual Monitoring Report，简称 AMR）、地方发展日程（Local Development

Scheme，简称 LDS）、发展规划文件（Development Plan Document，简称 DPD）、补充规划文件（Supplementary Planning Documents，简称 SPD）、地方发展规则（Local Development Order）与单一性规划分区（Simplified Planning Zone）。地方发展框架中的发展规划文件的编制分成准备与资料搜集阶段、公众咨询阶段、提交成果与咨询阶段、督察员的独立检查阶段以及最终采纳阶段五个阶段。地方发展框架的具体的编制内容和编制过程将在第三章 3.4 "英国现行城市规划编制体系"部分详细论述。

2.5.3 规划审批与执行

区域空间战略由中央国务大臣审批；地方发展框架每三年编制一次，由区级政府审批，但需要经过国务大臣派遣的督察员的独立检查。"新二级"体系阶段的开发控制体系与"双轨制"阶段相比，基本保持不变。

2.6 第六阶段：国家地方体系（2010 年至今）

2.6.1 区域空间战略废除

《规划政策声明》"第 11 条：区域空间战略"（通常缩写为 PPS11），主要阐述了"区域空间战略"程序上的政策和关注在修订它们（政策）的时候该如何操作，同时解释这些行为（修订）与法案和相关规定的关系。当前的版本于 2004 年 9 月颁发。

区域空间战略的初定目标包括：①为一个具体的区域构建一个"空间"愿景和战略，如为一般区域未来 20 年的发展和重建提供鉴别。②为实现可持续发展做出贡献。③制定具体的区域政策，这些政策应该是创新的而非复制国家现有的其他政策。④解决跨郡县、行政体及区域边界的区域或次区域问题。⑤为区域和行政体提供房屋数据的概要以推进其"当地发展框架"。⑥建立环境保护和增强优先机制，明确绿带区域的大致范围。⑦建立一个区域交通战略，以它作为更广泛（更高层次）的空间战略的一部分。⑧概述关键投资尤其是基础设施方面的优先事项，同时明确传递机制，以便支持发展。⑨明确如何处置区域浪费。⑩符合并支持其他地区框架和策略。以上每一条都服从于战略环境评估。

2.6.1.1 区域空间战略实践

截至2006年年底,共有5个修订的"区域空间战略"草案提交到国务大臣,然而这些草案更多的是革新了相关的"区域规划指导"而非真正的"区域空间战略"本身。英格兰东部地区提交了第一份"区域空间战略",随后又被住房数量和交通基础设施的政治风波摧毁。在其他地区,公开审查主要在2006年和2007年进行。这些小组的报告也都已经公开,某些情况下,"区域空间战略"的修改建议要服从于公众咨询。每个"区域空间战略"的最新进展信息都可以从规划门户网站上获得。

(1) 2008年10月,西南地区的"区域空间战略"在公众咨询阶段招致了4 000多人的反对,从而使得计划严重推迟。

(2) 2009年6月,西南地区"区域空间战略"的反对者以战略文件与欧洲法律在多方面特别是在可持续发展和自然设施的问题方面不兼容为根据,赢得了司法审查。

(3) 西米德兰兹郡"区域空间战略"修订的第二阶段在2009年夏季进行了公开审查。小组公开了报告,但是由于获得"修改建议"进一步的影响评估会造成情况复杂化,这意味着它在2010年的英国大选前是不会被采用的,同时也不会有什么进展。

2.6.1.2 区域空间战略废除

截至2006年年底,共有5个修订的"区域空间战略"草案提交至中央政府,然而这些草案更像是"区域规划指导"更新,并非真正的"区域空间战略"蓝本。

2010年7月6日,区域空间战略被新执政的保守党和自由民主党联合政府宣布废除。在2011年下议院报告中提出,"区域空间规划战略的废除给英国规划系统的核心造成了真空,这会对社会、经济和环境造成至少为期数年的深刻影响",以及"区域空间战略为两种不同的规划层次架起来桥梁,我们所担忧的正是他们这种'废除'所带来的'桥梁'中断;这会产生一个惯性,即阻碍经济发展，使得那些尽管存在争论却十分必要的跨区域基础设施更难提供，例如废物处理点、矿物运作区以及为吉普赛人和流浪者准备的空间；同时也使得国家住房增加决策难以确定"。

2.6.2 国家层面规划框架制定

2011年3月，*National Planning Policy Framework* 发布，作为地方规划部门和决策者的重要指导文件，它使得规划系统变得更简单。即英国的规划体系构成变成了"国家与地方"垂直衔接体系。

2.7 英国城市规划体系改革

2.7.1 规划法规体系演进过程

根据相关研究表明，世界各国城市规划法系的形成和发展一般经历三个阶段，即宣言法—核心法（主干法）—法典阶段。城市规划宣言法是国家统一的城市规划专业法规体系的初步奠基。在宣言法阶段，规划法往往比较追求原则。宣言法在可操作性、细化和量化，以及与其他辅助法之间的衔接等方面还需要作重大的补充和修改，才能进入第二阶段，即核心法阶段。在核心法阶段后，将城市规划核心法与其他方面的相关法规和规范融为一体，可组成覆盖城乡、一体化的规划法典。

根据上述城市规划立法的阶段划分，以及英国近百年来城乡规划立法的实践，可将英国城市规划法规演进划分成三个阶段，分别为起源阶段、宣言法—核心法过渡阶段、核心法演进阶段。

2.7.1.1 起源阶段——宣言法诞生

1909年英国颁布了作为宣言法的第一部全国性城市规划专门法律——《住房与城镇规划诸法》，标志着英国现代城市规划体系的建立，标志城市规划成为政府管理职能的开端。

2.7.1.2 宣言法—核心法过渡阶段

1909 年立法规定的规划体系经实践证明较为烦琐且不易操作，历时 10 年之后，新的法案《住房与城镇规划诸法》（1919 年）对该体系做出了修改。之后，英国政府又不断对与城市规划相关的法律进行补充和修正，譬如《住房诸法》（1923 年）、《城镇规划法》、《地方政府法》（1929 年）等一系列法令。

1932 年，英国第一部核心法《城乡规划法》诞生，它废除了之前所有与城市规划相关的法律，将其中一些规定以重新立法的形式巩固加强，另外还做出许多重要的修改。之后，1944 年《城乡规划法》对第一部核心法做出部分补充和修正，但无突破性意义。

2.7.1.3 核心法演进阶段

1947 年，英国政府颁布的《城乡规划法》是一个全新的起点，它不仅废除了先前所有的城市规划法令，而且对规划法实施了全新的原则，甚至可以说，1947 年立法标志着英国城市规划立法体系的基本建立。（郝娟，1997）1947 年立法还建立初步的开发规划体系。之后，1951 年、1953 年、1954 年、1959 年英国政府先后在 1947 年立法的基础上做出部分修正和补充。

1962 年，英国政府又重新废除了 1947 年、1951 年、1953 年、1954 年与 1959 年颁布的多部城乡规划法，全部法案的所有规定（除了被淘汰的）都被归结到《城乡规划法》（1962 年）。之后，1968 年《城乡规划法》对其做出了修正和补充，值得一提的是，1968 年立法确立了由结构规划和地方规划构成的"二级"体系。

1971 年，自 1962 年至 1968 年期间的城乡规划法所有规定（除极少量外）均被废除，并以一种更加完善的方式综合加入《城乡规划法》（1971 年）。期间尽管进行了多轮修正和补充，但 1971 年立法作为英国城市规划的基本法案一直沿用了 19 年，直至 1990 年《城乡规划法》对其进行了全面深化和巩固。

1990 年《城乡规划法》合并且废除了 1971 年以来的规划法，共计 15 部分 337 条款。之后，1990 年法案第五部分被 1991 年颁布的《规划与赔偿法》取代，第二部分内容被 2004 年颁布的《规划与强制性购买法》取代。即使如此，1990 年法案依旧是英国现行规划法规体系的核心。

英国城乡规划法的历史演进过程见表 2-12。

表 2-12　英国城乡规划法的历史演进过程

城乡规划法	阶段
《住宅与规划诸法》（1909 年）	1909 年的第一部城乡规划法标志着英国现代城市规划体系的建立，开始进入城镇体系规划大纲阶段
《住宅与规划诸法》（1919 年）	
《城镇规划法》（1925 年）	
《城乡规划法》（1932 年）*	
《城乡规划（过渡时期开发）法》（1943 年）	
《城乡规划法》（1944 年）	
《城乡规划法》（1947 年）*	1947 年的城乡规划法建立了初步的开发规划体系
《城乡规划（修正）法》（1951 年）	
《城乡规划法》（1953 年）	
《城乡规划法》（1954 年）	
《城乡规划法》（1959 年）	
《城乡规划法》（1962 年）*	
《城乡规划法》（1963 年）	
《城乡规划法》（1968 年）	1968 年的规划法确立了由结构规划和地方规划构成的"二级"体系
《城乡规划法》（1971 年）*	
《城乡规划（修正）法》（1972 年）	
《城乡规划法》（1974 年）	
《城乡规划（修正）法》（1977 年）	
《地方政府、规划和土地法》（1980 年）	
《地方政府与规划（修正）法》（1981 年）	
《城乡规划（赔偿）法》（1985 年）	1985 年后，英国城市规划体系进入"双轨制"阶段
《城乡规划（修正）法》（1985 年）	
《住房和规划法》（1986 年）	
《城乡规划法》（1990 年）*	
《规划与赔偿法》（1991 年）	
《规划与强制性购买法》（2004 年）	2004 年的规划法确立了英国城市规划的"新二级"体系

注：标 * 为规划核心法。

资料来源：根据大不列颠法律数据库（http://www.statutelaw.gov.uk/）整理绘制。

2.7.2 规划行政体系改革过程

2.7.2.1 英国城市规划管理部门改革

（1）政府机构的改革

近百年来英国政府机构经历了多次调整，加以归纳总结，可将其大致划分成五个阶段。

第一阶段：第一次世界大战期间及战后，为英国政府机构的初增长时期。当时处于战争时期，政府活动和职能迅速增长，因而开始在政府中设立了一些新的部门。

第二阶段：第二次世界大战后至20世纪50年代末，为政府机构的膨胀时期。1951年政府机构扩大到27个。（吴大英，1995）

第三阶段：20世纪60年代初至70年代末，为英国政府的行政改革时期。50年代政府机构膨胀的弊病在60年代逐步暴露了出来，问题主要包括：部门太多，分工太细，部门之间相互牵制，权力分散，影响了中央政府的集中管理；增加了行政机构，导致财政负担加重，行政效率下降。因此，英国政府开始了一系列的机构改革，撤销、合并和调整了一些部门，重新划分了政府各部的职能。

第四阶段：20世纪70年代末至20世纪末，为近代的政府改革时期。期间经过多次调整，加强了首相职权，建立了强有力的政府核心班子，建立了大臣管理制度，实现了节省开支和提高效率的改革目的。

第五阶段：20世纪末至今，为新世纪的行政改革时期，中央加强了对地方政府的控制和管理，特别是对经济发达、人口密集的大城市地区的行政控制。

虽然英国政府机构改革频繁，但是这种改革是渐进的，期间并没有出现过激而全面的改革行动，一般都是随着形势和政党的变化和发展，灵活地对政府机构做出相应的调整。改革的目标始终围绕着节省行政开支和提高行政效率进行。

（2）中央城市规划管理部门调整

近百年来，英国中央政府主管全国城市规划工作的部门也不断调整。对应上述政府机构改革五个阶段，英国中央城市规划管理部门也呈现出五个阶段的调整。（见图2-30）

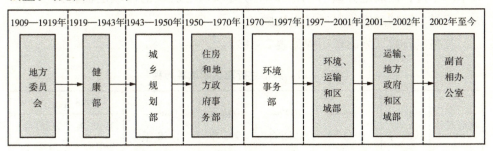

图2-30　英国中央级城市规划管理部门改革历程

注：图中以填充颜色的不同来区分规划管理部门调整的各阶段。

第一阶段是第一次世界大战前后至1943年，英国全国城乡规划工作先后由地方政府委员会和健康部主管；第二阶段是"二战"时期至20世纪50年代，英国城市规划主管部门调整成城乡规划部；第三阶段是20世纪60—70年代，50年代政府机构膨胀的弊病在60年代爆发，英国政府开始进入改革时期，英国城市规划主管部门再次调整为住房和地方政府事务部；第四阶段为撒切尔的保守党时期，英国城市规划工作一直由环境事务部主管；第五阶段为新工党政府时期，行政改革频率开始加快，在1997年至2002年这短短的五年时间里，中央级规划管理部门进行了三次调整。

（3）地方级规划管理部门调整

地方级的城市规划管理部门在较长的时间内基本保持不变，郡级和区级地方政府一般都设有各自的郡级规划局和区级规划局或类似行政部门，以编制相应的规划和进行开发控制。

2.7.2.2　英国行政区划改革

在20世纪60年代之前，英格兰政府一直都保持着稳定的郡—区两级结构；自20世纪60年代之后，英格兰政府开始进入改革调整的高峰时期，基本每十年就要进行一次行政区划的较大调整。1986年大都市区的设立和1996年单一管理区的设立，都隐含着英国中央政府加强对地方政府的控制和管理的目的。此举对大都市区和单一管理区十分有利，大都市区可以直接受中央政府管辖，简化了行政层次，提升了地方行政效率。但是，区级地方自治政府的大量涌现，又会在一定程度上加重中央政府的行政负担，从而降低中央政府的行政效率。不过，区级地方政府的诸多事务可以从更宏观的区域层面得到协调解决，于是，区域政府得以通过立法成立。

英格兰行政区划改革历程见表2-13。

表2-13 英格兰行政区划改革历程

政府层级	1909—1963年	1963—1972年	1972—1985年	1986—1992年	1996—1998年	1998年至今（1998年至今）	1998年至今（2000年至今）
中央政府	英格兰	英格兰	英格兰	英格兰	英格兰	英格兰	英格兰
区域政府	—	—	—	—	—	区域	—
郡级政府	郡	大伦敦	郡	大伦敦、非大都市郡	大都市郡、非大都市郡	非大都市郡、单一管理区	大伦敦
区级政府	自治市（区）、都市区、乡村区	伦敦自治区	自治市（区）、都市区、乡村区	伦敦市与自治区	伦敦市与自治区、大都市区	伦敦市与自治区、大都市区、单一管理区	伦敦市和伦敦自治区

2.7.3 规划编制体系演进过程

2.7.3.1 体系构成演变

1909年《住房与城镇规划诸法》开创了现代城市规划的新纪元，标志着英国城市规划体系的建立。"二战"后，英国政府面临着大量的战后重建和严重的城市问题，原有的城镇规划大纲由于约束力不够、灵活性不强等局限，已经不能满足当时城市开发控制的需要，改革的呼声唤来1947年《城乡规划法》的颁布，初步的开发规划体系建立。

随着英国社会经济情况在20世纪60年代的急剧变化，1947年的单一的开发规划在新的历史条件下也显现出它的局限性和不适应性。于是，1968年《城乡规划法》确立了更为完整的开发规划体系，即结构规划和地方规划"二级"体系。因1985年《地方政府法》确立的行政区划大调整，又导致英国城市规划体系进入结构规划、地方规划和整体发展规划并存的"双轨制"阶段。

"双轨制"阶段是一个复杂的局面，其规划体系层次过于复杂，地方规划编制内容过于细致、过于具体，规划决策速度慢，更新过程昂贵，规划申请难以预见结果，社区参与困难等一系列问题逐渐暴露了出来，英国城市规划体系迫切需要一次改革。在此基础上，2004年《规划与强制性购买法》标志着英国城市规划体系进入一个新的阶段——由区域空间战略和地方发展框架构成的"新二级"体系阶段。

此外，根据政治和社会经济的变革，还可将英国城市规划体系改革划分成三个阶段，分别是：①第一阶段——城镇规划大纲阶段与第二阶段——开发规划阶段可合并为起步阶段。②第三阶段——"二级"体系阶段和第四阶段——"双轨制"阶段可合并为行政区划调整适应阶段，这一时期是英国城市规划体系发展的最重要的阶段。③"新二级"体系阶段和国家地方体系阶段，亦可称为区域规划的法定化探索阶段。（见图2-31）

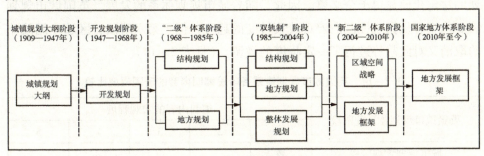

图2-31　自1909年以来英国城市规划体系改革历程

2.7.3.2　编制内容演变

首先，英国城市规划五阶段编制内容经历了"粗细"[①]的演变：①第一阶段的城镇规划大纲需要具体到开发项目，内容过细，不利于弹性开发。②第二

---

① 这里的"粗细"指规划编制内容过于关注宏观政策，或者过于关注微观开发控制。

阶段的开发规划在城镇规划大纲内容过细的基础上，补充了宏观层面的战略内容，这样，开发规划则包括了一般的政策方针和详细的开发规划两部分内容，但是，郡区下辖的每一个区级政府都必须和郡级政府共同编制一项开发规划，导致郡级政府需要编制很多开发规划，加重其行政负担，而且每项开发规划中都有一部分郡层面的政策，不利于郡范围的整体协调。③第三阶段，英国政府开始考虑把以前许多开发规划中郡层面的政策整合统一到一个规划文件中，这便是结构规划改革的基础；再把以前开发规划中详细的开发规划内容直接下放到区级政府，地方规划便是在如此条件下产生的。当然，结构规划和地方规划的内容要比以前的开发规划完善得多，开始向宏观政策的制定偏移。④第四阶段，英国中央政府要加强对地方政府的控制和管理，特别是对经济发达城市和地区的行政控制。于是，工党政府主导了一场行政大调整，整体发展规划作为结构规划和地方规划的"综合体"针对大都市区和伦敦自治区的开发控制而产生。⑤第五阶段，地方发展框架是在改革第四阶段规划体系过于复杂的内容的需要基础上出现的，它把以前地方规划和整体发展规划的一系列规划政策整合到一个文件中，内容要比地方规划和整体发展规划更偏于政策引导。同时，每一个区级政府都需编制地方发展框架，为了不加重中央政府的负担，区域规划的法定化便显得十分必要。因此，随着城市规划体系的发展，英国城市规划编制内容有从微观控制向宏观政策转变的趋势，但至第六阶段，区域空间战略的取消又对此趋势进行了一定程度的微调。（见表2-14）

表2-14 英国城市规划体系各阶段编制内容的宏观程度比较

英国城市规划体系各阶段	编制内容的宏观程度				
	1	2	3	4	5
城镇规划大纲阶段	●				
开发规划阶段		●			
"二级"体系阶段			●		
"双轨制"阶段				●	
"新二级"体系阶段					●
国家地方体系阶段				●	

注：表中"1，2，3……"表示编制内容的宏观的量化指标，1表示微观控制侧重，依次递增，5表示最宏观侧重；不过，此类量化指标只是表示英国城市规划体系各阶段宏微观侧重的走势，并非准确的量化指标。●表示确认。

其次，各阶段规划编制内容涉及要素也在变化。城镇规划大纲仅关注交通网络规划、规划地区的建筑密度控制和城市用地划分；发展规划涉及城市建设更为广泛的内容；地方规划还对自然保护、建成环境保护提出了政策要求，体现了发展和保护的平衡；地方发展框架对气候等要素都提出了政策要求，体现了可持续发展的特征。英国城市规划涉及的要素随着城市规划发展逐渐增多。

最后，英国城市规划编制内容由技术性向政策性转变。城镇规划大纲涉及具体的开发项目、交通规划和建筑密度控制，以定量分析为主，规划偏于技术。开发规划对各项专题的控制方法是以定量为主，比较注重规划的技术性。地方规划重在规划政策，目的在于引导，当然，为了达到土地开发的控制目的，也采用了一些定量的控制方法；地方规划已经开始偏于规划的政策导向。地方发展框架在地方规划的基础上，其发展规划文件基本以政策性内容为主。因此，就规划编制来说，从城镇规划大纲到地方发展框架，是从"技术"型向"政策"型规划的转变。

2.7.3.3 编制程序演变

通过分析城市规划体系各阶段的规划编制程序的论述可得出，英国城市规划编制程序有以下几个特点：第一，各阶段的法定规划都有很严格的编制程序，规划必须经过这些法定程序才能成为指导开发控制的法律文件。第二，实施性规划比战略性规划的编制过程要复杂，战略性规划的编制过程只需要经过两轮以下的草案和公众参与阶段，而实施性规划作为直接指导开发控制的依据，需要经过多轮的草案阶段和多轮的公众参与阶段。第三，英国对城市规划编制各阶段的时间有严格的控制，如公众咨询都不能少于6周等。第四，英国法定规划的编制程序都较为复杂，容易造成规划贻误。

除此之外，分析前面的论述可以得出公众参与在英国城市规划体系各阶段的明显转变。第一阶段的城镇规划大纲没有提及公众参与的内容；第二阶段的开发规划虽提及公开调查，但没有明确的公众参与阶段；第三阶段开始重视公众参与的过程，1968年《城乡规划法》明确规定地方规划的编制过程必须经过6周的公众参与；第四阶段仍然沿用第三阶段的公众参与程序；第五阶段的公众参与变成多过程且长时间的参与。

根据阿恩斯坦公众参与阶段[①]各阶段的划分可知，随着英国城市规划体系各阶段的发展，公众参与从"没有参与"逐渐发展到了"公民权利"的阶段。（见图2-32）

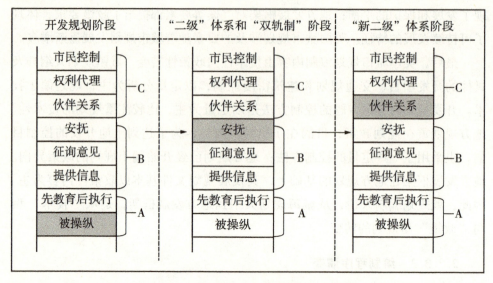

图2-32　城市规划体系各阶段的阿恩斯坦公众参与阶段
注：A表示没有参与；B表示象征性参与；C表示公民权利。
资料来源：《公众参与阶梯》[Arnstein R. A Ladder of Citizen Participation. JAIP, 1969, 35 (4)：216-224]，有改动。

2.7.4　规划审批与执行体系演进过程

2.7.4.1　规划审批演变

回顾英国城市规划审批的发展过程：①城镇规划大纲必须经过中央国务大臣审批通过方可生效。②开发规划由中央国务大臣（城乡规划部大臣或住房和地方事务部大臣）审批。③结构规划由中央国务大臣（环境事务部大臣）审批，地方规划一般由区级政府自行审核批准即可。④整体发展规划由中央国务

---

① Sherry Arnstein 在1969年发表的《公众参与阶梯》一文中提出公众参与是公民权利再分配的界限，提出了关于公众参与的经典分类：把公众参与规划的程度比作一把梯子上不同的横档，市民参与的阶梯共分为八级，归纳为三类，随着阶梯的上升，参与的程度也依次提高。

大臣审批。⑤区域空间战略由中央国务大臣审批；地方发展框架每三年编制一次，由区级政府审批，但需要经过国务大臣派遣的督察员的检查。可知，在英国城市规划体系发展的初级阶段，其规划审批权集中在中央政府的手中；自1968年法案确立地方规划后，中央政府"抓大放小"，将区层面的地方规划审批权下放到区级政府，从一定程度上提高了规划行政效率，之后的地方发展框架也延续区级政府自行审批的过程。

2.7.4.2 开发控制体系演变

下面回顾近百年来英国城市规划体系改革各阶段的土地开发控制体系的发展过程。

从1909年《住房与城镇规划诸法》开始，英国的城市土地开发控制工作才刚刚起步，仅仅局限于对城区内和城区外的住宅区的开发控制。1919年法案第一次对城市土地开发控制提出了"过渡开发控制"的政策，这一政策极大地影响了英国的土地开发控制体系。1922年《城镇规划过渡性开发控制规则》提出了开发控制的正式内容，即开发申请者必须提交规划申请并获得规划许可证方可进行开发。1932年《城乡规划法》将土地开发控制的范围扩展到城区所有的土地，并且对"过渡性开发控制政策"做出了新的规定。

1947年《城市规划法》颁布后，城市开发控制的工作过程和具体开发控制手段基本定型。1950年后，英国工党执政，提倡给城市开发一定的自由度，减少中央政府的干预。政府先后颁布了《城乡规划（土地使用分类）规则》《城乡规划（一般开发）规则》和《城乡规划（特殊开发）规则》，规定了一系列不需要申请规划许可的开发项目。60年代保守党执政后，又继续实行严格的开发控制政策，并将开发控制的范围扩展得更大。

1968年《城乡规划法》对规划上诉提出了详细的规定。1987年后，英国政府又重新颁布了《城乡规划（土地使用分类）规则》《城乡规划（一般开发）规则》和《城乡规划（特殊开发）规则》，重新给城市开发一定的自由度，鼓励城市开发。

英国城市规划的开发控制体系经历了近一个世纪的发展，其主要的特征就是立法控制开发，期间虽然经过开发控制力度的加强和减弱等变化，但总体上地方政府的土地开发控制权力仍在不断加强。英国各阶段城市规划审批与开发控制体系演进见表2-15。

表 2-15　英国各阶段城市规划审批与开发控制体系演进

发展阶段	规划审批	开发控制体系
城镇规划大纲阶段	城镇规划大纲由中央国务大臣审批	1909年，英国的土地开发控制的开始；1919年，第一次提出了"过渡开发控制"的政策；1922年提出了开发控制的正式内容。1932年《城乡规划法》将土地开发控制的范围扩展到城区所有的土地，并且对"过渡性开发控制政策"做出了新的规定
开发规划阶段	开发规划由住房与地方政府事务部大臣审批	1947年后，城市开发控制的工作过程和具体开发控制手段基本定型。1950年后，英国工党政府提倡给城市开发一定的自由度，减少中央政府的干预，先后颁布了多部规则法，规定了一系列不需要申请规划许可的开发项目。60年代保守党执政后，又继续实行严格的开发控制政策，并将开发控制的范围扩展得更大
"二级"体系阶段	结构规划由中央国务大臣审批 地方规划由区级政府审批	1968年，对规划上诉提出了详细的规定；延长对办公区的开发控制期限
"双轨制"阶段	整体发展规划由中央国务大臣审批（结构规划和地方规划性质同上）	1987年，又重新颁布了《城乡规划（土地使用分类）规则》《城乡规划（一般开发）规则》和《城乡规划（特殊开发）规则》，重新给城市开发一定的自由度，鼓励城市开发。1990年，完善了一套规划许可、规划上诉、规划协议和规划执法的开发控制体系
"新二级"体系阶段	区域空间战略由中央国务大臣审批 地方发展框架由区级政府审批	完善了1990年确立的开发控制体系
国家地方体系阶段	地方发展框架由区级政府审批	对地方开发控制体系进行了进一步完善

2.7.5　小结

1909年世界上第一部城市规划法——《住房与城镇规划诸法》颁布，建立了英国的现代城市规划体系,此阶段的城市规划体系只处于规划体系发展的初始阶段,仍是一种较为不成熟、不稳定、不完善的体系。

第二次世界大战后,面对着大量的城市重建和城市开发的项目,城镇规划大纲已经不能适应当时城市大量的、形式多样的开发活动。1947年,英国城市规划体系进入第二阶段——开发规划阶段。1947年的开发规划实施后,在相当长的时间内发挥了强大的作用,城市发展处于规划的有效控制和指导之下,市场自发力量在空间布局中的作用受到了限制。

随着英国社会经济情况在60年代的快速变化,开发规划在新的历史条件下显示出它的局限性和不适应性。1968年《城乡规划法》带来了英国城市规划体系的"二级"体系——结构规划和地方规划。"二级"体系将战略性内容和实施性内容分离,可变性更大,也更灵活,对于未来发展的不确定更具有适应性。同时,"二级"体系中的结构规划和地方规划的编制都明确规定了公众参与的阶段,公众参与成为规划上报审批的必要前提。

1985年行政区划大调整,导致大都市区和伦敦自治区直接受中央政府管辖,整体发展规划因这次大调整而出现。自此,英国国内保持着结构规划和地方规划与整体发展规划并存的局面,英国城市规划体系开始进入"双轨制"阶段。"双轨制"较好地解决了此段时间内由于行政区划调整带来的大都市区和伦敦自治区政府的规划管理的不便。

但是,"双轨制"的体系过于复杂,地方规划和整体发展规划的地方规划部分存在编制内容过于细致、公众参与困难等一系列问题。随着英国社会经济的发展,这些问题逐渐凸显了出来。于是,2004年颁布《规划与强制性购置法》,建立了由区域空间战略和地方发展框架组成的"新二级"体系。

经历了近一个世纪的发展,英国城市规划体系逐渐趋于成熟,其规划法规体系趋于完善;规划行政体系改革取得效果十分显著;规划编制的内容更加广泛,但"粗细"有致;规划编制过程也得到逐渐完善,公众参与的程度得到不断加强;规划审批和执行体系也都有了较大的发展。

2.8 影响英国城市规划体系改革的因素分析

英国城市规划体系六个阶段的变革,与英国近一个世纪的政治、社会、经济的发展有着直接的关系。

2.8.1 社会经济发展因素

城市规划的目标是有效地引导和促进城市的发展，最终目的是促进社会经济的发展。反过来说，社会经济的不断发展，会对城市规划提出更多的要求，需要城市规划体系不断完善或改革来适应这种变化。

19世纪末，英国面临着工业革命带来的经济的蓬勃发展，导致城市的急剧膨胀，城市内公共卫生和住房等问题日益严重，英国政府迫切需要一种有效的控制手段来解决这些麻烦。于是，第一次关于城市规划的尝试——1909年的城镇规划大纲便出现了。

"二战"结束后，面临着战后重建的大量开发建设以及经济发展的问题，城市向郊区扩展迅速，英国仍处于快速城市化的城市发展阶段。原来的城镇规划大纲灵活性不足，不能适应这种快速的变化。因此，英国城市规划体系第一次改革发生，一种较城镇规划大纲更进步的新的规划形式——开发规划出现。开发规划是为了更有效地控制土地开发而建立的，其主要内容是突出城市新开发项目的控制。

随着英国社会经济情况在20世纪60年代的快速变化，开发规划在新的历史条件下显示出它的局限性和不适应性。1968年《城乡规划法》提出了"二级"体系。20世纪70年代中后期，英国城市开发出现了逆反现象。内城中人口大量流失，工厂企业或者倒闭或者迁往郊区，大量的废地、空房存在于内城中，出现了内城荒废——逆城市化的现象。逆城市化引起了郊区土地开发压力大大增加，城市边缘地区继续扩展。英国政府为此采取了干预政策，制订强制性的法律和条例，加强对城市更新、恢复功能工作的监督管理。中央政府特别加强了对经济发达城市和地区的行政干预，1985年的行政区划大调整正是在此背景下产生，"双轨制"阶段也是为适应此背景而进行改革的。

"双轨制"的体系过于复杂，其中地方规划和整体发展规划的地方规划部分存在编制内容过于细致、公众参与困难等一系列问题。随着英国社会经济的发展，这些问题逐渐凸显出来。因此，2004年"新二级"体系建立，地方发展框架针对区大部分地区提出战略性的规划政策，针对即将快速投建的区域实行具体的实施区规划，使得规划对于开发控制更有针对性，有利于提高规划申请的决策率，从而加快开发建设的速度，促进社会经济的发展。

2.8.2 政治因素

2.8.2.1 执政党更替

在英国现代城市规划体系建立的近一个世纪里，其执政党多次变化，但基本上都是由保守党和工党（或其前身自由党）轮流执政。不过，保守党和工党两个党派的执政方针有着较大差异，特别是对"变革"持有不同的观点。

从图2-33中可以看出，保守党执政期间基本上很少改变英国城市规划体系。保守党通常通过政府修正案的形式，改变过去的政府法案，不求"变革"的力量。即使是在1985年英国的行政区划大调整时期提出一个新的规划形式——整体发展规划，其实也只不过是结构规划和地方规划的"综合"而已，甚至，整体发展规划的提出都不是以《城乡规划法》的立法形式出现。

而工党则倾向于通过改革来解决问题，五次城市规划体系改革其中有四次（城镇规划大纲、开发规划、"二级"体系和"新二级"体系）是处于工党（自由党）政府执政时期。

2.8.2.2 行政区划调整

英国的行政区划是非常复杂的，而且由于历史、经济、社会等各方面的原因，英国的行政区划发生过多次变化，对城市规划体系产生了很大的影响。特别是1985年的行政区划大调整，废除了6个大都市郡议会和大伦敦地区郡议会，分别被32个伦敦自治区议会和36个大都市区议会取代。自此，6个大都市郡和大伦敦地区的郡一级地方政府便被撤销，其下原属区级政府变成自治政府，直接受中央政府管辖。

1985年的行政区划大调整导致这些地区原本由郡政府负责编制的结构规划不再编制，而大都市区和伦敦自治区面临着规划编制的矛盾。按照之前的惯例，区级政府应该编制地方规划，但是由于大都市郡和大伦敦地区政府的撤销，该区级政府便缺乏上层次规划——结构规划的指导，其地方规划也没有办

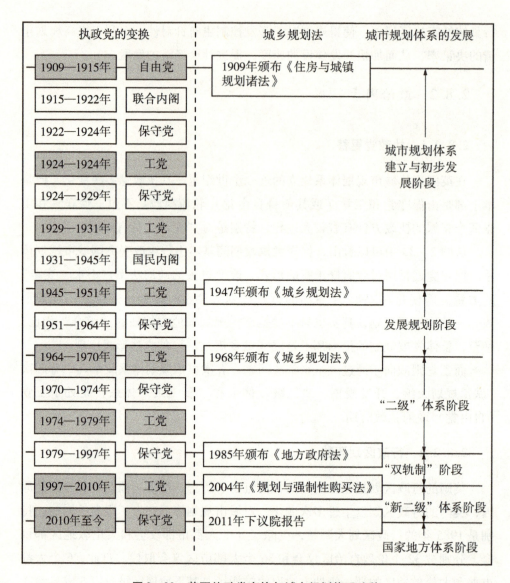

图 2-33　英国执政党变换与城市规划体系改革

注：自由党是工党的前身。

法编制。因此，英国中央政府决定让其编制一个新形式的规划，它既有结构规划的内容，又包含地方规划的内容，集两种规划规划于一身，这便是整体发展规划，英国城市规划体系也因此进入"双轨制"阶段。英格兰 2010 年以前各发展阶段行政区划与法定规划互动关系见表 2-16。

表2-16 英格兰2010年以前各发展阶段行政区划与法定规划互动关系

发展阶段	行政区划	法定规划
发展规划阶段	1947—1968年	
	郡—区	发展规划
"二级"体系阶段	1968—1972年	
	郡—区	结构规划（郡）、地方规划（区）
	1972—1985年	
	大都市郡—区、大伦敦—伦敦各区、非大都市郡—区	结构规划（大都市郡和非大都市郡）、地方规划（区）

续表2-16

发展阶段	行政区划	法定规划
"双轨制"阶段	1985—1996年	
	大都市区、伦敦各区、非大都市郡—区	整体发展规划（大都市区和伦敦各区）、结构规划（非大都市郡）、地方规划（区）
	1996—2004年	
	单一管理体制、大都市区、伦敦各区、非大都市郡—区	整体发展规划（大都市区、伦敦各区和部分单一管理体制）、结构规划（非大都市郡和单一管理体制）、地方规划（区和单一管理体制）

续表 2-16

发展阶段	行政区划	法定规划
"新二级"体系阶段	2004 年至今	
	单一管理体制、大都市区、伦敦各区、非大都市郡—区	地方发展框架

2.8.2.3 行政权力的下放

自 1968 年起，中央政府权力开始下放，地方政府被赋予更高的自主管理能力，特别是区级政府拥有地方规划的编制和审批权。郡级政府的结构规划和区域层面的区域规划导则对区级政府政策制定的双重限制，这与中央政府的宏观政策（行政权力下放）出现不一致，区级政府的自主管理权力被上层次的政府剥夺，这就从规划行政体系上要求城市规划体系的改革。

2.8.3 公众认知的觉醒

公众对城市规划认知度的提高要求城市规划改革，使得城市规划更透明。规划实施必然会对公众造成影响，随着公众对规划影响城市发展，乃至影响城市生产和生活的认识程度的不断提高，公众要求更多地参与到地方发展决策中。很明显，只容许公众在规划编制后期参与规划审批过程的城市规划"二级"体系已不能满足公众的需求，公众需要一个深层次、全过程参与的更加透明的新体系。于是，从公众参与的角度出发，新一轮的城市规划体系改革势在必行。

第 3 章
英国现行城市规划体系

3.1 背景

2001年,环境、交通与区域部发布了《城市规划绿皮书》,对由结构规划—地方规划和整体发展规划构成的"双轨制"进行了评估,该报告认为"双轨制"阶段的城市规划体系存在以下几方面的问题:一是规划体系过于复杂,令公众难以理解;二是规划编制速度慢,缺乏前瞻性;三是地方规划和整体发展规划的地方规划部分的编制内容过于细致、过于具体;四是规划决策速度慢,更新过程昂贵,规划申请难以预见结果,一定程度阻碍了发展而不是促进发展;五是公众参与困难。

在上述背景下,2004年英国政府颁布《规划和强制性购买法》,该法取消了结构规划、地方规划和整体发展规划,由地方层面的地方发展框架取而代之,并且将区域层面的区域空间战略法定化。但在2010年7月6日,区域空间战略被保守党政府宣布废除,英国的规划体系构成变成了"国家与地方"垂直衔接体系。

3.2 英国现行城市规划法规体系

3.2.1 法规体系的构成

英国城市规划法规体系包括城市规划核心法(Principal Act)、城市规划从属法规和技术条例、城市规划专项法以及与核心法平行的相关法。其中，城市规划核心法及从属法构成了法律法规的核心体系，核心体系与专项法、技术条例、相关法构成了英国现行的城市规划法规的宏观体系，见图 3-1。

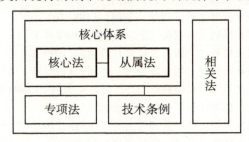

图 3-1　英国城市规划法规体系的基本构成
资料来源：徐大勇. 英国的城市规划法规体系及其对中国的借鉴之处. 同济大学建筑与城市规划学院，2002：8.

城乡规划法是城市规划法规体系的核心，因此又被称为核心法，其主要内容是有关规划行政、规划编制和开发控制的法律条例，具有纲领性和原则性的特征，而不对各个实施细节作具体规定，譬如 1932 年《城乡规划法》。从属法是用来明确核心法有关部分的实施细则，如《城乡规划（发展规划）条例》（1991 年）。城市规划专项法是针对规划中某些特定议题的立法，如《新城法》（1946 年）。相关法，是指非针对城市规划方面的，但会对城市规划产生重要影响的立法，如《地方政府法》（1985 年）。

英国现行城市规划法规体系如表 3-1 所示。其中，《规划与强制性购买法》（2004 年）、《城乡规划（区域规划）条例》（2004 年）、《城乡规划（地方发展）条例》（2004 年）是英国现行城市规划编制的法律依据。

表 3-1　英国现行规划法规体系

法规体系等级	具体法规
核心法	《城乡规划法》（1990 年） 《规划与赔偿法》（1991 年） 《规划与强制性购买法》（2004 年）

续表 3-1

法规体系等级	具体法规
从属法规	《城乡规划（用途类别）条例》（1987年） 《城乡规划（听证程序）条例》（1992年） 《城乡规划（督察员决定）条例》（1992年） 《城乡规划（一般开发许可）条例》（1995年） 《城乡规划（一般开发程序）条例》（1995年） 《城乡规划（环境评价和许可开发）条例》（1995年） 《城乡规划（建筑物拆除）条例》（1995年） 《城乡规划（强制通知与上诉）条例》（2002年） 《城乡规划（区域规划）条例》（2004年） 《城乡规划（地方发展）条例》（2004年） 《城乡规划（转换安排）条例》（2004年） 《城乡规划（区域空间战略）条例》（2004年） 《城乡规划（区域）（国家公园）条例》（2004年） 《城乡规划（临时停止通知）条例》（2005年） 《城乡规划（主要基础设施工程咨询程序）规则》（2005年） 《规划规则（国家安全指引及指定代表）》（2006年） 《城乡规划（广告控制）条例》（2007年） 《城乡规划（区域）（国家森林公园）条例》（2007年）
专项法	《规划（历史保护建筑和地区）法》（1990年） 《规划（危险物品）法》（1990年）
相关法	《环境保护法》（1990年） 《水工业法》（1991年） 《交通与工作法》（1992年） 《租赁改革、住房与城市发展法》（1993） 《环境法》（1995年） 《住房批准、建设和重建法》（1996年） 《道路交通法》（1997年） 《道路交通缩减法》（1997年） 《保护（自然栖息地）条例》（1994年） 《住房法》（1998年） 《人权法》（1998年） 《区域发展机构法》（1998年） 《健康法》（1999年）

资料来源：大不列颠法律数据库（http://www.statutelaw.gov.uk/），张莹（2008）整理。

3.2.2 规划法规立法

英国城市规划立法体系较为复杂，包括国家级城市规划立法和地方政府级城市规划立法两个层次。

国家层次城市规划立法，又包括两个方面的内容：①由内阁提案、议会通过颁布的有关法案。②由副首相办公室制订的有关城市规划"条例"（Regulations）和"规则"（Orders）等从属性法规。另外，副首相办公室还负责以指引（Guidance）和通告（Circulars）的形式，发布并阐述中央政府的各种规划政策方针，如规划政策指引、规划政策陈述等法律性文件。这些指引和通告文件是地方规划部门在编制法定规划和实施开发控制时必须遵循的依据。

地方政府在城市规划方面也拥有立法的权力。不过，这种权力则是编制法定规划，该规划必须经法律授权的部门通过方可形成法律性文件。

3.2.3 规划法规司法

英国城市规划起诉案件的最终行政仲裁权属于主管城市规划的副首相，各级法院负责该类案件的行政仲裁和司法仲裁。副首相的司法权应用在以下四个方面：①法律允许副首相中止地方规划部门签发的规划许可证。②允许副首相直接签发规划许可证而不考虑地方规划部门的意见。③允许副首相对所有规划起诉案件做出最后行政判决。④允许副首相中止地方规划部门签发的强制执行通告。

同样，地方规划部门的司法权表现在发布地区开发控制决策、核发规划许可证以及发出强制性执行通告等方面。

3.2.4 规划法规体系特征

英国城市规划法规体系特征可概括成权威性、民主性和系统性三方面：①权威性表现在两个方面。其一，任何开发行为必须限制在法律规定许可的范围内；其二，任何行政领导及部门不得利用行政职权，发布超越法律规定的范围之外的"指示或意见"，更改具有法律约束力的规划方面的法律文件内容。

（郝娟，1994）②民主性也表现在两个方面，包括公众参与和规划上诉。其一，法律以立法的形式规定了"公众参与"的合法性，并对具体的参与权利、方式、内容、范围做出了明确的规定。其二，对持反对意见的开发商，法律也明确规定其有权在限定的时间内直接向副首相办公室提出上诉。③系统性，则表现在各类具有法律效力的法律性文件的相互关系，它们既相互补充、相互交接又层次分明，具有相对独立的内容，并且各类法律性文件之间构成了一个严密的、系统的法规体系。

3.3 英国现行城市规划行政体系

英格兰由中央政府分设各部管理，苏格兰、威尔士、北爱尔兰议会及其行政机构全面负责地方事务，外交、国防、总体经济和货币政策、就业政策以及社会保障等仍由中央政府控制。英国现行城市规划行政体系分英国中央政府架构、行政区划和城市规划管理部门三方面进行阐述。

3.3.1 英国中央政府架构

3.3.1.1 首相和执政党

首相由立法机关选任，是议会多数党的领袖。首相能够通过执政党议会党团的党纪操作议会的活动。实际上，英国首相是英国权力最大、地位最重要的人物，他身兼政府首脑、议会领袖和党魁三个重要职务于一体，集行政和立法大权于一身，几乎拥有国家的一切大权，成为英国政治生活中的最高决策者和领导者。现任英国首相是保守党戴维·威廉·唐纳德·卡梅伦（David William Donald Cameron）。1900年以来英国历届内阁和首相见表3-2。

表3-2 1900年以来英国历届内阁和首相

时间	内阁	首相
1902.7—1905.12	保守党	巴尔福（Arthur James Balfour）
1905.12—1908.4	自由党	坎贝尔·班纳曼爵士

续表 3-2

时间	内阁	首相
1908.4—1915.5	自由党	阿斯奎斯（H. H. Asquith）
1915.5—1916.12	联合内阁	阿斯奎斯（H. H. Asquith）
1916.12—1922.10	联合内阁	劳埃德·乔治（D. Lloyd George）
1922.10—1923.5	保守党	邦纳·芬（A. Bonar Law）
1923.5—1924.1	保守党	鲍尔温（S. Baldwin）
1924.1—1924.11	工党	麦克唐纳（J. R. MacDonald）
1924.11—1929.6	保守党	S. 鲍尔温（S. Baldwin）
1929.6—1931.8	工党	麦克唐纳（J. R. MacDonald）
1931.8—1935.6	国民内阁	麦克唐纳（J. R. MacDonald）
1937.5—1940.5	国民内阁	张伯伦（N. Chamberlain）
1940.5—1945.5	国民内阁	邱吉尔（Winston Spencer Churchill）
1945.5—1945.7	联合内阁	邱吉尔（Winston Spencer Churchill）
1945.7—1951.10	工党	C. R. 艾德礼（Clement Richard Attlee）
1951.10—1955.4	保守党	邱吉尔（Winston Spencer Churchill）
1955.4—1957.1	保守党	安东尼·艾登爵士（Sir A. Eden）
1957.1—1963.10	保守党	哈罗德·麦克米伦（H. Macmillan）
1963.10—1964.10	保守党	道格拉斯-霍姆爵士（Sir A. Douglas - Home）
1964.10—1970.6	保守党	哈罗德·威尔逊（J. H. Wilson）
1970.6—1974.2	工党	爱德华·希思（D. R. G. Heath）
1974.2—1976.6	工党	哈罗德·威尔逊（J. H. Wilson）
1976.6—1979.5	工党	詹姆斯·卡拉汉（James Callaghan）
1979.5—1990.7	保守党	撒切尔夫人（Margret Hilda thatcher）
1990.7—1997.5	保守党	约翰·梅杰（John Major）
1997.5—2007.6	工党	托尼·布莱尔（Tony Blair）
2007.6—2010.5	工党	戈登·布朗（James Gordon Brown）
2010.5—	保守党	戴维·威廉·唐纳德·卡梅伦（David William Donald Cameron）

资料来源：吴大英，沈蕴芳. 西方国家政府制度比较研究. 北京：社会科学文献出版社，1995：85；同时根据网站（http://zhidao.baidu.com/question/9221405）资料进行更新。

3.3.1.2 中央政府各部

中央政府各部门有内阁部门和非内阁部门之分。

(1) 内阁部门

副首相办公室(ODPM)——以副首相为首,协助首相处理事务的英国政府机构。

苏格兰事务部(Scotland Office)——英国政府主管苏格兰事务的机构。1707年苏格兰并入英国,即设立该部。1764年后,该部曾一度隶属于内政部,1885年后又重新独立出去。

威尔士事务部(Wales Office)——英国政府主管威尔士事务的机构。该部设立于1964年。1951年英国曾设立威尔士事务大臣,但未设部。

北爱尔兰事务部(NIO)——英国政府主管北爱尔兰事务的机构,设立于1972年。此前,北爱尔兰内部事务由北爱尔兰议会和自治政府管理,它们隶属于英国议会。

外交和联邦事务部(FCO)——英国政府主管国家海外关系的机构。该部于1968年由外交部及英联邦事务部两部合并而成。1970年希思政府将海外发展部划归该部,后来工党政府(哈罗德·威尔逊和詹姆斯·卡拉汉)又将海外发展部独立出去,撒切尔政府再次将其并入。

财政部(Her Majesty's Treasury)——英国政府主管经济战略和公共财政开支的机构。该部是英国最古老的一个部,从创立至今十分稳定。1969年经济事务部并入其中。

国防部(MoD)——英国政府负责国家防务的职能机构,成立于1947年。1947年之前,陆、海、空三军均设有独立的部。国防部成立后,三军仍保持各自独立的部。1964年,国防部、海军部、陆军部和空军部四个独立的部合并为一个统一的国防部,由国防大臣统一领导。

内政部(Home Office)——英国政府主管社会治安和社会事务的机构。

社区及地区行政部(DCLG)——英国政府主管社区和地区行政的机构。

教育和技能部(DfES)——英国政府主管教育的机构。1964年,教育部和科学部合并成教育与科学部。1992年,更名为"教育与就业部"。2001年,工党政府又把它更名为"教育与技能部"。

贸易与工业部（DTI）——英国政府主管工商业部的机构。该部经历了多次分和合，1970年原来的贸易部和技术部合并成贸易和工业部；1974年该部撤销，成立了能源部、工业部、贸易部、物价部和消费者保护部；1979年物价部和消费者保护部并入贸易部；1983年贸易部和工业合并成延续至今的贸易和工业部。

运输部（DfT）——负责陆、海、空运输的政府机构。原来的运输部于1970年合并入环境事务部，1976年又从环境事务部独立出来。

除此之外，内阁部门还包括环境食物及农村事务部（DEFRA）、就业及退休保障部（DWP）、文化传媒体育部（DCMS）、国家档案处（National Archives）、卫生部（DH）、国际发展部（DFID）、法律专员部（LSLO）等部门。

英国中央政府内阁部门机构见图3-2。

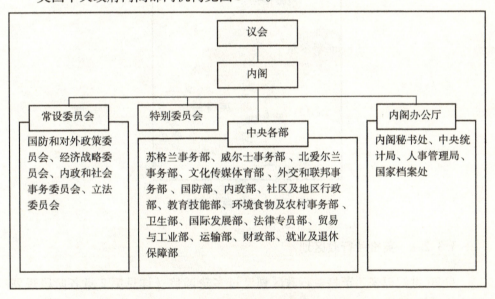

图3-2 英国中央政府内阁部门机构

资料来源：吴大英，沈蕴芳. 西方国家政府制度比较研究. 北京：社会科学文献出版社，1995. 有改动。

（2）非内阁部门

非内阁部门包括英国文化协会、公益委员会、削减国家借款专员公署（CRND）、官方产业署、官方检控处（CPS）、选举委员会、出口信用保证部（ECGD）、英国食物标准局、林业委员会、女王陛下税务及海关总署（HMRC）、土地注册处、教育标准署（OFSTED）、北爱尔兰煤气及电力市场监察署（OFREG）、通讯管理署（Ofcom）、e-Envoy办公室（OeE）、公平贸易管理署（OFT）等政府部门。

3.3.2 英国行政区划

英国全国划分为英格兰、威尔士、苏格兰和北爱尔兰四部分。各自再分为若干区域、郡（或区）和市。此外还有一些英属海外领地。具体见图3-3。

图3-3 英格兰大分区

3.3.2.1 英格兰行政区划

自20世纪以来，英格兰行政区划经过多轮调整（详见第2章各阶段规划行政体系部分），现行行政区划较为复杂。如今，英格兰共有四种不同等级的行政区划，分别是区域（Region）等级、郡（County）等级、区（District）等级与教区（Parish）等级。

根据1998年《区域发展机构法》，英格兰区域级行政区包括地位较特殊的大伦敦在内，共9个，分别为大伦敦、英格兰东北、英格兰西北、约克郡—亨伯、西密德兰、东密德兰、英格兰东、英格兰西南、英格兰东南，各区域再下辖一个或多个郡级行政区划。如图3-4所示。

图 3-4 根据《区域发展机构法》成立的英格兰各区域范围

资料来源：根据 1998 年《区域发展机构法》(Regional Development Agencies Act 1998) 绘制。

英格兰郡级行政区共有五种：①名誉郡 (Ceremonial County)：有一个代表英国皇室但没有实权的郡长 (Lord Lieutenant) 常驻，仅有地理称呼、协调范围内民政事务等少数功能。非大都市郡和周边单一管理区（可以多于 1 个）的范围合组成一个名誉郡。②非大都市郡 (Non-Metropolitan County，又称 Shire County)：分布于人口较稀的地方，其中有许多是延续英格兰地区传统的郡名。35 个非大都市郡里有 34 个拥有郡议会，唯一的例外是伯克郡。③大都市区：大都市郡废除后设立的行政区划单元，地位较郡低一级，但拥有自己的议会。④单一管理区 (Unitary Authority)：1992 年行政区划调整后引入的行政单位，面积比郡小很多，地位等同大都市区。⑤大伦敦：大伦敦拥有与英格兰其他地区完全不同的行政区划方式，在大伦敦地区底下有两种不同的郡级行政区，分别是伦敦市 (City of London) 与 32 个伦敦自治区 (London Boroughs)。在行政特色上，大伦敦地区的这些郡级行政区其实可被视为一种单一管理区的形态。

英格兰 2000 年以来郡级行政区划见图 3-5。

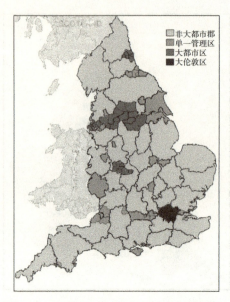

图 3-5　英格兰 2000 年以来郡级行政区划

资料来源：根据 2000 年《地方政府法》（*Local Government Act* 2000）绘制。

　　区是英格兰的第三级行政区划单位，有时这些行政单位可能会兼具有自治市镇（Borough）、城市地位（City Status）或皇家自治市镇（Royal Borough）的地位。其中重要的是非大都市区（Non-Metropolitan District），为非大都市郡的次级行政区划，通常它与其上级的郡议会分享自治权，但其运作方式与大都市区有所不同。

　　教区（Civil Parish，或简称为 Parish）是英格兰最低的行政单位。教区设有自己的议事单位，称为教区议会（Parish Council），但假如一个教区内有投票权的公民人数不满 200 人，则可能以组织较精简的教区会议（Parish Meeting）取代之。虽然教区的划分设立大部分都有宗教上的渊源，但今日作为行政区划的教区，早已与其英格兰国教会的起源无关。

　　英格兰现行行政区划等级见图 3-6。

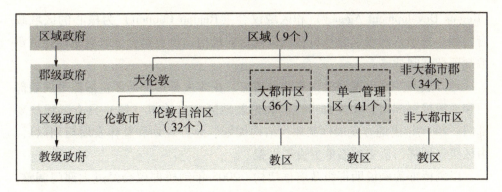

图3-6 英格兰现行行政区划等级

资料来源：根据2000年《地方政府法》（*Local Government Act* 2000）绘制。

3.3.2.2 苏格兰、威尔士和北爱尔兰行政区划

自20世纪以来，苏格兰、威尔士和北爱尔兰行政区划基本保持不变。苏格兰共有32个一级行政单位，包括25个普通区、4个城市区和3个岛区。威尔士分为22个一级行政单位，包括郡、市、郡级自治市镇。北爱尔兰共24个区和2个市。

3.3.3 英国城市规划管理部门

城市规划和城市开发控制是英国政府的日常事务性工作，很多政府机构都参与其中具体的政策制定和规划决策。

3.3.3.1 英格兰城市规划管理部门

英格兰城市规划管理部门的等级设置与行政管理等级基本相同，分为中央、区域、郡和区四个等级，教区不设城市规划管理部门。自2002年5月始，英格兰中央主管城市规划部门由副首相办公室负责，直接归副首相领导。副首相办公室负责英格兰地区的城市规划和城市开发工作，包括制定规划政策和地区土地使用与开发政策，监督地方政府完成城市开发控制任务，全面负责新镇开发和住宅建设以及制定有关内城开发的政策。此外，农村事务部负责有关农田开发的规划并参与有关农业用地的控制工作，交通部负责城市交通方面的规划。

区域层次的城市规划管理部门是在1997年以后才逐渐成立的。1997年以来，英格兰建立了区域政府办公室（Region Government office）、区域发展机构

（Region Development Agency）和区域议会（Region Council）为核心的区域政府构架。其中，区域议会是负责城市规划的机构，负责整合区域战略，并负责编制区域空间战略。

地方层面的城市规划机构有两种情况。在非大都市郡地区包括郡级规划部门和区级规划部门，在大都市区、大伦敦地区和自治市（镇）只有区级规划部门。2004年由地方发展框架取代结构规划、地方规划和整体发展规划以后，由区级规划部门负责编制地方发展框架。

以剑桥郡为例说明郡级政府框架构。2005年剑桥郡议会经过大部门调整，由三个办公室取代之前多个委员会，剑桥郡议会结构如图3-7所示。

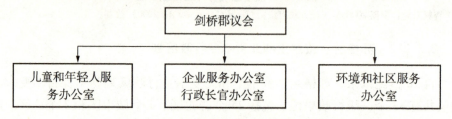

图3-7 剑桥郡议会结构

资料来源：剑桥郡政府网（http://www.cambrigeshire.gov.uk/）。

以剑桥市政府为例，区级政府机构如图3-8所示。

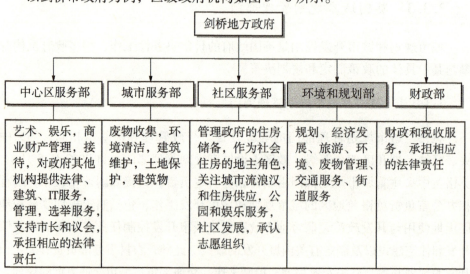

图3-8 剑桥市政府架构

资料来源：剑桥市政府网（http://www.cambridge.gov.uk/）。

3.3.3.2 苏格兰、威尔士和北爱尔兰城市规划管理部门

在苏格兰、威尔士和北爱尔兰地区，则分别由苏格兰事务部、威尔士事务部和北爱尔兰事务部具体负责城市规划和城市开发工作，包括住房开发、城市供水排水规划、道路交通规划等内容。苏格兰、威尔士和北爱尔兰地区的一级行政单位分别负责编制各自治区或者自治市的地方发展框架。

3.4 英国现行城市规划编制体系

3.4.1 体系构成

2010年7月6日区域空间战略被保守党政府宣布废除，以及2011年3月国家规划政策框架（National Planning Policy Framework，简称NPPF）发布后，英国的规划体系构成变成了"国家与地方"垂直衔接体系。

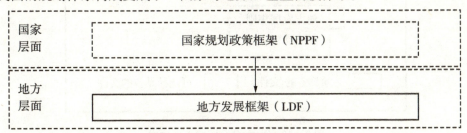

图3-9 国家地方体系构成示意

注：国家规划政策框架（NPPF）非法定规划核心内容，用虚线示意。

3.4.2 编制内容

地方发展框架由一系列规划文件组成，包括社区参与陈述、年度监测报告、地方发展计划、发展规划文件、补充规划文件、地方发展规则与单一性规划分区。其中，社区参与陈述、年度监测报告、地方发展计划、发展规划文件是必须具备的文件，补充规划文件、地方发展规则与单一性规划分区是可选具备的文件。具体如图3-10所示。

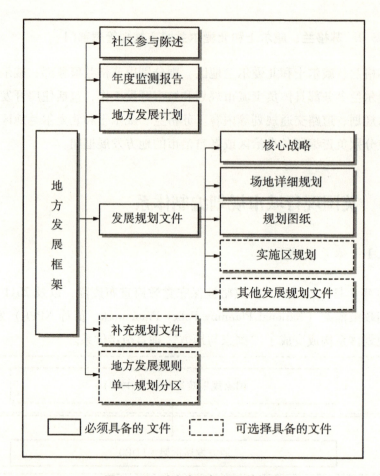

图 3-10 地方发展框架文件构成

资料来源：Office of the Deputy Prime Minister. Planning Policy Statement 12: Local Development Frameworks. London: HMSO, 2004.

（1）核心战略

核心战略是对整个规划区的发展制定的战略政策文件。它必须与政府的社区战略（Community Strategy）① 相协调。它只关注对发展和土地使用有影响的政策以及相关工程，包括社区战略、教育、健康、社会和谐、废弃物、多样性、循环利用、环境保护，还需考虑城市和农村的重建、地方和区域经济及住

---

① 社区战略是由地方政府负责编制的，由政府与其他公共、私人和社区组织协商制定的表达促进经济、社会和环境保护的战略，以实现可持续发展的目标。

房的战略、社会发展和地方交通规划。核心战略须陈述这些工程将如何影响经济、环境和社会的目标。核心战略比较简短、集中以及具有战略性的。它不经常变化，但保持持续的回顾，保证反映国家和区域政策的变化。核心战略一旦被采纳，地方发展框架的其他文件的编制将围绕它进行。

表3-3是《剑桥地方发展框架——核心战略》（2006年咨询稿）（Cambridge Development Strategy Issues and Options Report 2006）的规划的主要内容。可见，核心战略的主要内容是地方整体的发展战略和各专项的发展战略、布局原则，不涉及具体的项目，不提供具体的建设要求。图3-11是剑桥2021年规划核心战略。

表3-3 《剑桥地方发展框架——核心战略》（2006年咨询稿）主要内容

规划要目		规划内容
简介		—
政策的前后关系		规划政策指引和规划政策陈述、区域空间战略、结构规划、郡层次的矿物、废气物、交通规划等上层次规划剑桥发展的要求，包括住房、人口、就业、交通设施的安排等方面；社区战略要目
剑桥2007年		剑桥的现状情况，包括与海的距离、学生、人口、历史环境；对于居民理想住区的调研；已经同意的发展
剑桥2021年	前景	城市定位
	战略目标	减少CO_2的排放、较少交通、建筑的可持续发展、保护住房、创造社区、提供高标准的设计、教育、就业、提供娱乐场地
	空间战略	城市各部分，包括城市中心、城市边缘、北部边缘、南部边缘、西部、东部、居住社区、景观结构保护与发展面临的问题，对于功能定位、可达性、住房、交通的发展方式、重要设施建设等方面的政策（咨询稿提供了可选项）
主要问题	可持续性	能源、服务、交通方面的可持续发展措施
	气候变化	减少能源使用和废气排放的措施
	住房	住房提供数量、密度、布局，可负担住房发展政策，旅游者住宿
	可达性	交通设施需求、环境限制因素、交通平衡、对弱势群体的关照

续表 3-3

规划要目		规划内容
主要问题	环境和设计	环境保护的方式和范围、保护自然环境和建成环境
	经济	就业岗位增长数量、可提供就业用地的增加方式、布局
	教育	大学用地的增加
	购物	保持活力、购物中心的需求和布局、购物中心的可达性
	休闲、社区设施和旅游产业	各类休闲、社区设施的发展政策，旅游产业可持续发展的方式
	基础设施和执行	基础设施的保护、及时供应
附录	可持续评估摘要	可持续评估阶段、概要、前景和目标的评概要、选择评估的决定

资料来源：根据《剑桥地方发展框架——核心战略》（2006 年咨询稿）（Cambrige City Council. Cambridge Development Strategy Issues and Options Report 2006. http://www.cambridge.gov.uk/）整理。

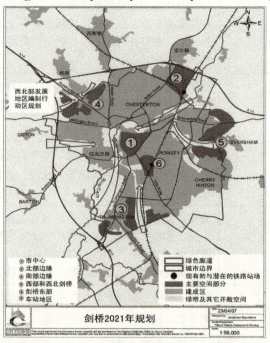

图 3-11　剑桥 2021 年规划核心战略

资料来源：《剑桥地方发展框架——核心战略》（2006 年咨询稿）（Cambrige City Council. Cambridge Development Strategy Issues and Options Report 2006. http://www.cambridge.gov.uk/）。

(2) 场地详细布局

场地详细布局是根据核心战略对城市空间的基本要求，对各个地块提出具体布局以及建设要求。建设要求通常包括住房密度、建设风格、交通安排、设计标准、防洪抗灾等方面。以《剑桥地方发展框架——场地详细布局》（2006年咨询稿）为例，规划成果的主要内容详见表 3-4。场地详细布局的成果包括文本和一系列的图则。图则主要反映用地边界以及周围限制要素（如绿带范围、河流保护范围）的情况。

表 3-4 《剑桥地方发展框架——场地详细布局》（2006 年咨询稿）主要内容

规划要目		主要内容
规划背景		核心战略对场地布局的要求，可持续评估报告对场地详细布局的评估情况
场地详细规定	建成区边界	核心战略对建成区边界的要求与公众意见结合而采取的综合发展的政策
	预开发土地	各处（街道、地段）预开发土地需要提供的住房量以及建设要求：住房密度、建设风格、交通、设计标准、防洪抗灾等
	就业场地	就业场地规划发展的要求：经济发展策略、就业住房、交通、服务设施等
	其他用途的场地	场地开发建设要求：住房密度、建设风格、交通安排、设计标准、防洪抗灾等
监测与执行		场地监测的指标、数据来源和评价标准

资料来源：根据《剑桥地方发展框架——场地详细布局》（2006 年咨询稿）（Cambrige City Council. Cambridge Development Strategy Issues and Options Report 2006. http://www.cambridge.gov.uk/）整理。

(3) 实施区规划

实施区规划是对核心战略划定的、在规划范围内改变较大的地区进行的具体规划。该规划除了对实施区的定位、基本布局有规划之外，最主要的任务是提出需要开发或改善的具体项目的位置、数量，并提出具体的建设建议和规划申请的要求。该规划并不是发展规划文件的必备文件，各城市可以根据具体的发展情况选择不制定或制定若干个实施区规划。表 3-5 是《剑桥东部实施区规划》（2006 年）（*Cambridge East Area Action Plan* 2006）的规划要目和主要内容。

表 3-5 《剑桥东部实施区规划》（2006 年）规划主要内容

规划要目		主要内容
简介		作用、规划成果、编制依据
前景和发展原则		目标、前景、发展原则；住房供应、城市结构布局、城市特质保护、交通发展原则、土地排水、执行
场地及其安排	场地	剑桥东部的新开发场地位置及其建设时序；建设目标；发展措施，包括可达性、非机动交通、适合发展的公共设施、安全用地和现存居住用地的发展措施等
	场地的安排	绿地的保护措施：最小宽度、边界
	景观场所的安排	保护景观特质要素以及具体的政策、开发空间的可达性
	减少对剑桥东部村庄的影响	乡村边界的划定、对这些地区开发的限制要求
剑桥东部的城市区	剑桥东部的结构	土地利用类型、服务和市政设施、交通干线、景观区域的结构和布局
	中心区	目标、位置、土地利用类型、保持活力的措施
	地方中心	目标、位置、土地利用类型、各地方中心发展政策、服务设施布置的要求
	住房	目标、供应数量、密度、住房的类型和数量、各类型可负担住房的供应、混合住房、住房的租售比例
	就业	目标、就业岗位以及各就业的用地类型的布局
	社区资源、休闲、文化和艺术	目标、公共和商业服务设施的供给的具体项目、区位和建设要求（可达性、联合、集中、提供的服务）、社区服务设施的管理措施
	交通	目标、介绍、道路设施（可达性、主要道路、减轻交通的影响、轨道交通、停车和骑马）、可选择的停车模式（公共交通和非机动交通具体的停车场位置、小汽车和自行车的停车标准）、新市场区北部路段改善措施
	景观	目标、景观原则（建设的政策、建成景观和水景观的保护、已存在的特质景观）、剑桥东部景观规划（绿廊、城市边界、建成景观、城市公园、开发空间等方面的保护政策，具体到建设材料的特质和颜色、街道的特质等）、剑桥东部与周边地区（可达性、景观的联系）

续表 3-5

规划要目		主要内容
	生物多样性	目标、存在的多样性特质（调研、管理战略、保护措施）、新的多样性特质（绿廊、乡村公园、创造新的栖息地）
	考古和遗产	目标、保护措施
	娱乐需求	目标、城市娱乐设施（公共开发空间、体育设施、城市公园、滨水区、儿童设施的供给具体的数量、服务半径、位置、建设要求）、乡村娱乐设施（乡村公园、可达性）、各类娱乐设施的建设标准（服务面积、服务人口）
	综合供水战略	地面排水、水资源保护、污水排放、污水处理（满足生产生活的需求，但注意城市景观的保护）
	通信	—
	自然环境	能源利用与减少 CO_2 的排放、可再生能源利用的比例、可持续建设方法和物质、减少噪音和空气质量保护的措施、已污染土地规划申请的研究
	可持续的模范	模范工程：材料、水体保护的要求
	废弃物	—
东剑桥住房移交	执行	建设战略，包括场地的可达性和 HAUL 路的建设、建设方法、建设活动等；战略的景观，包括服务、设备（资源）、景观、基础设施的管理；剑桥机场安全区的建设
	规划职责和条件	规划职责、服务的时间安排和顺序
	住房移交	移交机制、发展阶段、东剑桥的住房移交、住房变化轨迹
	监测	介绍、年度监测报告、东剑桥监测、住房变化轨迹、移交问题的回复

资料来源：根据《剑桥东部实施区规划》（2006 年）（Cambrige City Council. Cambridge East Area Action Plan 2006. http://www.cambridge.gov.uk/）整理。

(4) 地方发展计划

地方发展计划是一个"规划计划"。它列出了目前城市适用于发展的规划和政策指导文件，以及将编制的新的地方发展文件及其产生时间，其目的在于让公众清楚地明白有什么政策性文件，以及参与规划的时间。地方发展计划需要每年进行监测，根据监测结果对规划计划作相应的调整。以《剑桥地方发展框架——地方发展计划》(2006年)为例,地方发展计划的主要内容见表3-6。

表3-6 《剑桥地方发展框架——地方发展计划》(2006年) 主要内容

文件要目	主要内容
地方发展框架的结构	展示新的规划体系,即地方发展框架的结构及其关系
地方发展文件日程表	明确了所有地方发展文件的类型、主要内容、在规划链中的关系、公众参与的时间、新文件取代旧文件的内容以及新文件实行的时间。并附有《关键日程表》(见表3-7),使公众对于各项文件的进程有更为清晰、形象的了解
转化安排	说明在旧体系《剑桥地方规划》(1996年)被新的体系(剑桥地方发展框架)取代的过程中,地方规划和补充规划指引(SPG)地位的变化
技术指引和战略文件的日程表	对技术指引和战略文件做了日程安排。技术指引是对规划政策、目标的说明和补充,战略文件将影响土地利用。虽然这两种文件不属于补充规划文件,不需要正式的准备程序,但他们在规划决策和规划申请中通常作为使实质性的考虑,也通常涉及公众参与
地方发展文件的轮廓	地方框架的各个核心文件的编制计划的详细介绍,如核心战略计划的表格
支撑说明	对其他支撑文件的制定计划做了简要说明,包括可持续评估、基础研究、监测与回顾,对项目管理、决策制定的过程做了解析,对规划编制过程面临的风险提出了简要应对策略

资料来源:根据《剑桥地方发展框架——地方发展计划》(2006年)(Cambrige City Council. Cambridge Local Development Scheme 2006. http://www.cambridge.gov.uk/)整理。

表3-7 地方发展计划中的关键日程表(部分)

规划文件		2006年												2007年							
		1	2	3	4	5	6	7	8	9	10	11	12	1	2	3	4	5	6	7	8
发展规划文件	社区参与陈述	2	2	2	2	3	3	4	4	4	4	5	5	6	6	6	7	8	8	9	10
	核心战略					1	1	1	1	1	1	2	2	2	2	2	3	3	4	4	4
	场地详细布局						1	1	1	1	1	2	2	2	2	2	3	3	4	4	4
	东部实施区规划	5	5	6	6	6	6	7	7	7	7	8	8	9	9	10	10	10	10		
	西北部实施区规划	1	1	2	2	2	2	2	2	2	3	3	3	4	4	4	5	5	6	6	6

续表 3-7

规划文件		2006 年												2007 年							
		1	2	3	4	5	6	7	8	9	10	11	12	1	2	3	4	5	6	7	8
补充规划文件	可担负性住房	1	1	1	2	2	2	3	3	4	4	4	4	5							
	可持续性社区					1	1	1	2	2	2	3	3	4	4	4	4	5			
	规划责任					1	1	1	2	2	2	3	3	4	4	4	4	5			
	规划实施确认					1	1	1	2	2	2	3	3	4	4	4	4	5			

注：发展规划文件中，1 表示前期研究和信息收集；2 表示确定和评估问题和选项，各利益相关方磋商；3 表示公众参与选择（6 周）；4 表示编制发展规划文件；5 表示提交国务大臣及公众咨询；6 表示考虑公众意见，对任何反对意见进行协商，准备公众检查前的会议；7 表示公众检查；8 表示督察员准备报告；9 表示接收督察报告；10 表示采纳和公布。

补充规划文件中，1 表示前期研究和信息收集；2 表示准备补充规划文件的草案；3 表示草案公众咨询（6 周）；4 表示考虑公众意见、修改补充规划文件；5 表示采纳和公布。

资料来源：《剑桥地方发展框架——地方发展计划》（2006 年）（Cambrige City Council. Cambridge Local Development Scheme 2006. http://www.cambridge.gov.uk/）。

地方发展计划是一个相当全面的计划书。首先，该计划书包含了所有法定规划和非法定规划的制定计划，并以形象的方式表示，对于地方发展框架的必备部分的单个文件制定计划做了详细的解析。其次，对于文件的转换、更新的情况做了说明。公众可以根据地方发展计划的指引来监督和参与规划编制。

（5）社区参与陈述

社区参与陈述主要是陈述公众在何时、以何种方式参与规划的准备、选择和回顾城市未来发展的规划和指引的过程中；解析社区如何参与规划的申请；陈述了社区参与的标准，以及地方社区和其他的利益团体如何影响城市未来的发展。通过有效的社区参与可以为规划会带来更多的好处，规划政策可以被公众更好地理解，使地方服务更好地满足地方需要，规划服务和社区委员会对于城市发展提供更多的支持。表 3-8 是《剑桥地方发展框架——社区参与陈述》（2006 年）规划的主要内容，该文件解析了在地方发展框架各文件的编制过程中公众参与的时间和方式。

表3-8 《剑桥地方发展框架——社区参与陈述》(2006年)的主要内容

规划要目	主要内容
社区参与地方发展框架的时间和方式	社区参与在地方发展文件、补充规划文件、可持续发展评估的各阶段的参与时间和方式,公众参与的方式、咨询对象
规划申请的咨询	规划申请的方式、规划申请前的咨询、申请的作用、当受到规划申请时如何通知社区、规划申请决策时社区如何参与、规划决策做出后如何告知社区、接到控诉时社区如何参与、有用的出版物、联系方式
附表	附表1:地方发展文件的准备过程的各阶段中最少的必要咨询 附表2:咨询的潜在方式,介绍了各种参与方式的优点和缺点 附表3:特殊咨询团体的名单 附表4:一般咨询团体 附表5:发展规划文件、补充规划文件及其可持续发展评价的公共参与阶段 附表6:发展类型分配的标准 附表7:规划申请的公众

资料来源:根据《剑桥地方发展框架——社区参与陈述》(2006年)(Cambrige City Council. Statement of Community Involvement 2005. http://www.cambridge.gov.uk/)整理。

(6) 年度监测报告

年度监测报告是由地方规划的编制机构做出并提交给政府的评估地方发展框架进程和影响的报告。它将评估规划政策是否可持续发展,是否有达到预期的目标,是否与设想的目标相关,是否正朝地方发展框架的目标发展。年度监测报告需每年制定。

地方发展框架的监测机制是从过程监测到目标监测的完整的体系,甚至对自身的框架进行监测,从而保证规划过程的更新以及对规划政策对于城市发展的作用有明确的认识,使得规划当局对规划政策可以做出及时的修改,见表3-9。

表3-9 《剑桥地方发展框架——年度监测报告》(2005年) 的主要内容

规划要目	主要内容
行政总结	年度监测报告的各部分内容、作用
简介	年度监测报告的法定要求、编制方法、政策背景
空间形象	剑桥的人口、建设、土地、教育、交通、住房等情况
地方发展计划	根据已制定的地方发展计划,比照目前正在进行的各文件的编制进度,监测其是否达到了计划的要求,未能达到要求的详细说明原因并反馈给地方发展计划,对其做出相应的调整
对现有政策(1996年地方规划)的监测	对已采用多年的1996年地方规划的各项政策进行监测其完成情况、达到的效果、需要修订和改变的政策进行说明
住房曲线	对已建成和正在建设的住房进行统计,并比照结构规划或地方规划对当地地方相应的要求
发展框架的监控	对年度监测报告本身发展的监测,结合规划体系、城市发展、政府合作伙伴的调整进行,还对各类文件的编制的过程的监测进行了介绍
总结	—
附表1 背景指标	社会、环境、经济指标等
附表2 政策回顾(见表3-10)	说明未能按规划实行的政策,说明原因和修改结果
附表3 住房曲线	—
附表4 剑桥东部的监测	—
附表5 国家核心输出指标	介绍国家监测的核心指标,包括商业发展、住房、交通、地方服务等方面

资料来源:根据《剑桥地方发展框架——年度监测报告》(2005年)(Cambrige City Council. Annual Monitoring Report December 2005. http://www.cambridge.gov.uk/) 整理。

表3-10 政策回顾(部分)

政策代码	标题	原因	修改结果
E07	能量有效的发展与交通方式	不太可实施而被拒绝	删除
E09	规划环境改革的影响	不需要单独的政策	与E08合并
E010	改造或移动难看的事物	不需要单独的政策	与一般环境改造政策结合

资料来源:《剑桥地方发展框架——年度监测报告》(2005年)(Cambrige City Council. Annual Monitoring Report December 2005. http://www.cambridge.gov.uk/)。

(7) 地方发展框架的编制特点

第一,在规划层面上,地方发展框架位于结构规划和地方规划之间的层次,它既包括地方规划的全部内容,也包含了部分结构规划的内容(如核心战略),但不同的是它把原结构规划对整个郡的空间发展布局的设定及重要发展方向的把握放到以地方为主体进行相关内容论证,以更具体、更贴近地方实际的方式进行统筹,强化了战略政策的可实施性。

第二,在规划内容上,地方发展框架的规划专题仍然以住房、交通、就业、娱乐休闲等专题为主,但地方发展框架还将社区战略纳入到了核心战略中,使得规划与社区发展结合更紧密。

第三,地方发展框架的发展规划文件与地方规划相比,在规划方法上有了变化。地方发展框架的核心战略是空间发展规划,强调了空间规划的引导作用,保证地区协调、均衡发展。同时针对实施区的规划文件是实施区规划,使得规划控制的针对性得到了加强。可以说,地方发展框架相对于地方规划的是具有较强的战略性,同时也具有很强的实施性。在一个规划体系中纳入不同深度的规划政策,使地方发展框架具有更高的灵活性。

第四,从地方发展框架的文件构成上看,地方发展框架文件可以分为发展规划文件和实施性规划文件两类。两种文件的地位和作用各不相同,但它们其实是相互关联的有机整体。发展规划文件表明了地方发展的具体政策,核心战略是地方发展框架的最核心文件,是其他文件制定政策的依据;场地特定布局和实施区规划着眼于具体的实施;其他文件是对整个规划的专项政策的解析和补充。地方发展计划作为"规划计划",起到了统筹地方发展框架所有文件的统筹文件。年度监测报告对规划政策的执行和"规划计划"进行监测,有助于规划更新和公众对于规划执行的监督。社区参与陈述则是公众、私人和社区参与规划的保障,是各方利益实现的保障。各文件之间的关系如图 3 - 12 所示。

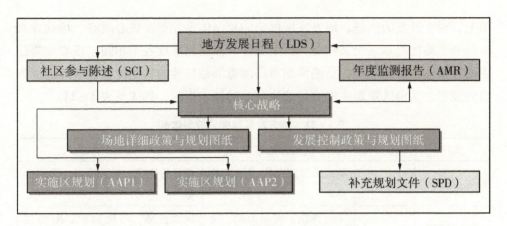

图 3-12　地方发展框架构成文件之间的关系

注：■表示需通过独立检查与可持续性评估；■表示不需通过独立检查或可持续性评估；■表示仅需通过独立检查；■表示不需通过独立检查，需通过可持续性评估。

资料来源：根据《国家规划政策声明 PPS12：地方发展框架》（Office of the Deputy Prime Minister. Planning Policy Statement 12: Local Development Frameworks. London: HMSO, 2004）整理。

第五，地方发展框架由多个文件组成，单个文件可以根据需要进行修改，而不影响整个规划的整体，从而提高了规划的灵活性。

第六，地方发展框架将地方发展计划、年度监测报告、社区参与陈述纳入成果中，作为法定文件的组成部分（见图 3-13），提高了这些文件的法律地位，从而强调公众参与的重要性，提高了规划的透明性，也便于规划的动态跟踪、调整。

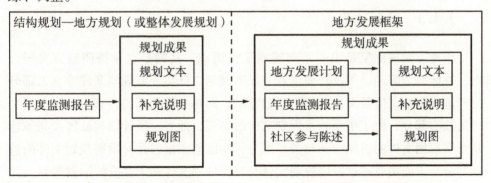

图 3-13　地方发展框架与结构规划、地方规划和整体发展规划成果差别

第七，对于开发的控制，地方发展框架的控制体系分布在核心战略、场地详细布局和实施区规划三个文件中，三个文件的控制侧重点各不相同。核心战略注重的是整体的空间布局，场地详细布局注重的是场地的具体位置和场地周围各自然要素，实施区规划注重的是地块开发的具体指标。具体见表3-11。

表3-11 地方发展框架的控制体系

文件		核心战略	场地详细布局	实施区规划
规划控制要点		空间布局	场地的位置与附近地区的要素	项目的位置、建设原则、控制指标
控制指标	土地利用	—	用地性质、用地面积、用地边界	用地性质、用地面积、用地边界、住房密度
	交通	—	—	停车位数量与设计、无障碍设计
	建筑建造	—	—	开放空间建设要求、建筑形式
	配套设施	—	—	配套设施类型与数量

注：加框要素（如 A ）为定性控制，其他为定量控制。

资料来源：根据《剑桥地方发展框架》（2006年）整理。

地方发展框架不再停留在制定规划政策的简单功能上，而是将规划的实施政策与具体的规划政策结合起来，从而保证了规划的可操作性。此外，地方发展框架可以通过年度监测报告对规划实施情况的检查，规划政策进行实时的调整，保证规划与时俱进。

3.4.3 编制过程

因地方发展框架是由一系列规划文件组成，其编制也是按照地方发展计划、社区参与陈述、年度监测报告、发展规划文件与补充规划文件等五大部分分开进行编制。但各文件之间不是独立的，而是互相联系的，其中发展规划文件是核心部分，用于指导补充规划文件的编制，地方发展计划与社区参与陈述是发展规划文件的前期准备与参与部分，年度监测报告是对发展规划文件的监测部分。下面主要阐述发展规划文件与补充规划文件两大部分的编制过程。

3.4.3.1 发展规划文件的编制过程

发展规划文件的编制不仅需经过公众咨询与规划督察员的独立检查，还需进行可持续性评估。发展规划文件的编制分成准备与资料搜集阶段、公众咨询阶段、提交成果与咨询阶段、督察员的独立检查阶段与最终采纳五个阶段。具体见图3-14。

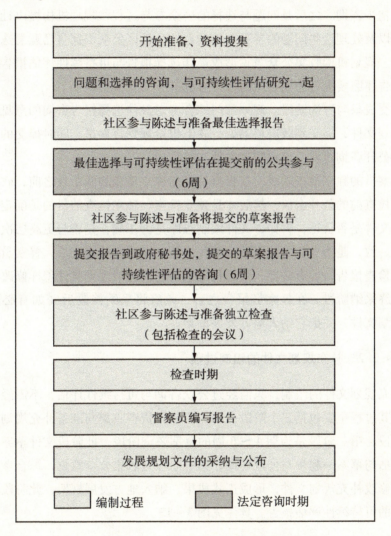

图3-14　发展规划文件编制过程

资料来源：Office of the Deputy Prime Minister. Planning Policy Statement 12：Local Development Frameworks. London：HMSO，2004.

准备与资料搜集阶段。需要对重要问题进行综合思考，回顾已有政策，从社区中搜集最新的资料与信息。

公众咨询阶段。首先是可持续性评估（SA）或可持续性环境评估（SEA）研究的初步咨询。之后是问题与选择的公众参与过程，规划机构提出社区发展的问题以及处理这些问题的各种可选的办法，社区公众根据自己意愿选择最佳的办法。规划机构收集公众意见形成最佳选择报告与可持续性评估报告。最佳选择报告还需要进行为期6周的公开咨询。

提交成果与咨询阶段。规划部门综合考虑最佳选择报告咨询的意见，完成发展规划文件，提交到政府秘书处，并汇报给规划督察员。同时提交的发展规划文件公开咨询6周，形成陈述文件。

督察员的独立检查阶段。在督察员开始独立检查的两个月之前，政府会举行一次检查前的公开会议，然后才是独立检查。独立检查的目的是确定地方发展规划文件是否公正，譬如，文件编制程序是否正确，是否与更高层次的规划指引相一致，是否与相邻地区的政策相协调。在独立检查之后，督察员需要形成独立检查报告，如有必要，报告将准确地建议发展规划文件怎样修改。

最终采纳阶段。在督察员报告之后，政府将采纳修改后（如有必要）的发展规划文件，并把它纳入地方发展框架。

3.4.3.2 补充规划文件的编制过程

补充规划文件的编制，只需经过公众咨询与可持续性评估，不需经过独立检查，其过程主要包括三个阶段：第一阶段是资料收集与准备补充规划文件的草案阶段；第二阶段是为期4～6周的草案咨询阶段，此阶段文件草案的可持续性评估与草案一起参与公众咨询；第三阶段是收集公众意见，综合考虑公众意见，修改补充规划文件，形成正式成果，纳入地方发展框架，此阶段还需形成正式的可持续性评估报告。具体见图3-15。

```
┌─────────────────────────────────────────────────┐
│      资料收集/准备补充规划文件（SPD）的草案          │
│ 和发展规划文件（PDP）一样，补充规划文件需要对重要问题进行综合的思考， │
│ 从规划社区中收集最新的事实和信息。作为准备的一部分，当地机构应当非正式 │
│ 地介入当地社区                                   │
└─────────────────────────────────────────────────┘
┌─────────────────────────────────────────────────┐
│              文件草案公开正式咨询                    │
│ 当地机构公布有用的文件草案参与正式的公众咨询并进入预案。伴随文件草案 │
│ 的还包括可持续性评估和咨询方式及处理主要问题方式的声明。这个咨询阶段 │
│ 将在当地机构考虑陈述和采纳文件之间，需持续4～6周的时间              │
└─────────────────────────────────────────────────┘
┌─────────────────────────────────────────────────┐
│            补充规划文件（SPD）的采纳                 │
│ 在这个阶段，补充规划文件将并入地方发展框架（LDF）。伴随文件的还包括 │
│ 预案如何解决及可持续性问题如何与补充规划文件结合的概要声明          │
└─────────────────────────────────────────────────┘
```

图 3-15　补充规划文件的编制过程

资料来源：Office of the Deputy Prime Minister. Planning Policy Statement 12: Local Development Frameworks. London: HMSO, 2004.

3.5　英国现行城市规划审批与执行体系

3.5.1　规划审批

地方发展框架每三年编制一次，由区级政府审批，但需要经过副首相派遣的规划督察员的检查。

3.5.2　执行体系

英国城市规划执行体系的核心内容是开发控制体系。其开发控制体系根据1990年的核心法，包括规划申请、规划许可、规划上诉、规划协议、规划执法等几方面的内容。

3.5.2.1　规划申请（Planning Application）

需要规划许可的开发活动必须提出规划申请。对于周边地区具有显著影响的开发项目（如公共娱乐项目和超过一定高度的建筑物），规划申请时必须在地方报纸上刊登广告，以及在现场张贴告示，使公众可以查阅开发项目的有关情况和提出意见。

根据1988年的城市规划（环境影响评价）条例［The Town and Country Planning (Assessment of Environment Effects) Regulation 1988］，对于部分开发项目（如炼油厂、发电厂和高速公路）还必须进行环境影响评价，要求开发商在规划申请中附有环境影响报告（Environmental Statement）。与一般规划申请相比，进行环境影响评价的开发项目必须进行更为广泛的宣传，规划部门也需要更多的时间（从8周增加到16周）来考虑这类开发申请。

3.5.2.2　规划许可（Planning Permission）

开发控制的主要依据是地方发展框架和副首相办公室提出的有关政策性文件，地方规划部门还需要考虑其他的具体情况。在处理规划申请时，规划部门必须与有关的利益团体和政府部门磋商。

规划部门必须在收到规划申请后的8周内做出决定，包括无条件许可、有条件许可和否决三种可能结果。

所有的规划许可都有时间限制。在规划许可的有效期限内，如果开发商没有动工建设，规划许可就会失效。由于没有具体规定，开发商只需象征性地开工建设，就可以使规划许可继续有效。

如果地方规划部门要批准的开发项目与地方发展框架不符合，必须先将规划申请公布，使公众有发表意见的机会，同时上报副首相办公室审核。由副首相办公室审理的规划申请都是比较重大的开发项目，一般要举行公众听证会，然后才能进行决策。

3.5.2.3　规划上诉（Planning Appeal）

在规划申请被否决或规划许可附加条件的情况下，如果开发商不服，可以在6个月内出上诉。规划上诉包括三种方式，分别是书面陈述、非正式听证会和正式的公众听证会。规划上诉由副首相任命的规划督察员来审理。一般的规划上诉由规划督察员代表副首相来处理，重大的规划上诉由副首相根据督察员的建议来决策。

副首相的决定是最终行政裁决，如果对此不服，只能向高等法院提出申诉。申诉理由必须是开发控制的决策超越了法定权限或者不符合法定程序。

3.5.2.4 规划协议（Planning Agreement）

地方规划部门可以与开发商达成具有法律效力的协议，要求开发商提供公共设施作为规划许可的条件。在基础设施缺乏或者不足的地区原来是不具备开发条件的，只有开发商能够提供或者完善这些基础设施，规划申请才能够得以批准。规划协议的要求必须与开发活动直接有关，相对于开发项目的规模和类型而言，规划协议的要求必须是公平的、合理的。如果在拒绝规划协议的情况下规划申请被否决，开发商可以提出上诉。

3.5.2.5 规划执法（Planning Enforcement）

对于违法的开发活动，规划部门发出"执法通知"。如果对于执法通知不服，开发商有权向副首相提出上诉，在28天之内将上诉材料寄至副首相办公室。在上诉期间，开发项目如果得到规划部门颁发的"停建通知"就必须停止项目进程，反之，开发项目可以继续进行。

3.6 英国现行城市规划体系特征

城市规划"新二级"体系与"双轨制"阶段相比较，国家层面的政策基本保持不变，而区域层面和地方层面则发生着重大变化，主要体现如下：

从地方层面上看，"双轨制"阶段的地方规划受结构规划和区域空间导则的双重限制，虽然整体发展规划对其有一定的改善，但只是小部分的经济发达地区的改革尝试；而"新二级"体系仅有地方发展框架一个层次，区级政府拥有制定地方政策的更大的自主权，虽然地方发展框架受到上层次的区域空间战略的约束，但其越过郡级政府，缩短了政策确定的过程，区级政府对地方政策的确定便具有更多的灵活性。

从区域层面和层次上看，"双轨制"区域层面的区域规划导则不是法定规划，"双轨制"重点在地方层面，强调微观层次的规划控制；而"新二级"体系区域层面的区域空间战略是法定规划，地方发展框架也是战略性的法定规划，"新二级"体系更为注重宏观层次的规划政策指引。可知，从"双轨制"向"新二级"体系的转变，是英国城市规划体系由微观控制向宏观政策指引的一次转变。

虽然城市规划体系"双轨制"阶段向"新二级"体系阶段的改革发生了诸多变化，但是，其核心内容即开发控制（Development Control）的基本内涵并没有发生转变。原地方规划或者整体发展规划内大部分政策被继续保留在地方发展框架文件中，地方发展框架更多是对其原有政策的整合与完善。

综上所述，英国现行城市规划体系特征包括：①区域空间战略的法定化探索。从原来的非法定的区域空间导则向法定的区域空间战略的转变，是英国政府更加重视区域规划的一个探索，但2010年保守党政府将其废除，侧面反映了区域层面法定规划的探索没有得到应有的效果。②地方发展框架与"双轨制"阶段的地方规划和整体发展规划相比，地方发展框架的开放控制灵活性更大，弹性更足，规划更加开放，公众参与阶段更多，不再是《城市规划绿皮书》（2001年）上所述的"冷漠的、难以理解的、难以接近的和没有灵活性"的程序。③虽然城市规划体系发生由"双轨制"阶段向"新二级"体系与国家地方体系阶段的转变，但是其核心内容即开发控制的基本内涵并未转变。

第4章
中英城市规划体系比较

比较中英两国的城市规划体系，首先必须认识到中英两国的城市发展处于不同的发展阶段。英国已经经历快速城市化的过程，正处于城市化成熟阶段，而我国仍处于快速城市化进程当中。因此，进行中英城市规划体系比较研究时，不能把两个处于不同发展阶段的事物生硬比较，需进行适当的"软处理"后再做比较。

4.1 中英规划法规体系比较

4.1.1 法规体系结构比较

第一，从法规体系层次看，我国城市规划法规纵向体系划分为国家、省（自治区、直辖市）、市（县）三个层面，地方性法规、规章、规范性文件是以国家层面的法律为依据结合地方具体实际制订并实现的法律文件。英国城市规划法规体系并不存在地方层次，这也是两国差异之一。

第二，从规划法规体系的结构看，中英两国城市规划法规体系结构组成大致相同，但两国在有无"专项法"上有着差异。英国针对城市规划中某些特定的议题制订了专项法，而我国虽然有相应的专项议题，但并未深入系统化发展成专项法。（见图4-1）

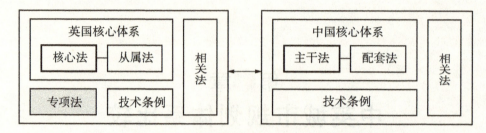

图4-1 中英城市规划法规体系结构比较

注：图中的填充色表示两者的差异之处。

第三，我国有关部门行使规划行政权时，行政相对方对规划决定产生异议提出上诉时要遵循的法律依据并不是城市规划法规，而是行政管理法规（行政诉讼法、行政复议法、行政处罚法等），这些法律法规虽然不属于城市规划相关法，却对我国城市规划法规体系有着重要影响。而英国则在规划法规中包含着规划行政监督的内容，开发商进行上诉或索求赔偿时无须遵循城市规划体系之外的其他法律。

第四，核心法体系结构的差异。英国规划核心法中有关于"规划赔偿"的规定并作为一个重要的组成部分，而我国《城乡规划法》虽然有"法律责任"的内容，但性质上与规划赔偿不同。

4.1.2 立法比较

在我国城市规划法规体系中，是由各级人民代表大会和各级政府按其立法职权制定城市规划方面的法律、法规文件。除国家层面的法律和建设部制定的配套法规之外，还有地方性法规、规章和规范性文件。而在英国，郡级和区级议会及其政府都没有类似制定地方性法律文件的立法权，英国的城市规划体系中的法规都是由中央政府和中央议会制定的。

4.1.3 司法比较

英国将城市规划司法方面的权力集中于中央政府的副首相办公室，对规划编制和开发控制存在异议，都需上诉至副首相办公室，由副首相行使最终判决权。

而我国因为没有完整的规划编制公众参与体系，对于城市规划的上诉大多数是在开发控制方面，实际上是对政府行政行为的上诉。根据相关法律，此类上诉应先向上一级城市规划主管部门申请行政复议，对复议决定不服可向人民法院起诉,最终司法权归各级人民法院。

4.2 中英规划行政体系比较

我国和英国都是中央集权制国家。中英在规划机构设置及职责方面均采用"中央—地方"的分级管理体制,多年来中英两国的中央城市规划主管部门都经过多次调整,地方规划部门都有编制城市规划和进行开发控制的职责,两国在规划监督上都设有督察员。中英两国城市规划行政体系的不同之处在于:

第一,英国虽然是中央集权制国家,但其地方政府仍有自治的传统,而我国地方政府的自治权则要弱得多。

第二,我国政府中的规划主管部门必须接受政府的行政管理,规划主管部门进行日常规划事务时会在一定程度上受到政府行政指令的干预,而英国的地方政府受到的行政干预则要弱得多,因为地方政府拥有一定程度的自治权。

第三,英国的郡和区虽然是上下级的关系,但郡和区都具有相当程度的自治权,且规划法明确规定郡和区之间解决争议的方式是在一定条件下展开规划协商。而我国在此方面则要弱得多,往往上级政府一个文件下来,下级单位就得"按部就班"地执行。

第四,在英国,开发商上诉至中央城市规划主管部门时,有专门的上诉机构——城市规划上诉委员会(直接归中央城市规划主管部门大臣管理)进行受理,而我国城市规划管理则没有相应的机构,此类上诉案件只能由人民法院受理。

表4-1 中英城市规划行政体系比较

比较内容		中国	英国
规划行政权限	中央集权	●	●
	虚位首相	○	●
	地方自治	○	●

续表 4-1

比较内容		中国	英国
规划行政机构	中央级城市规划主管部门	●	●
	中央规划行政主管部门调整	●	●
	城市规划委员会	●	●
	城市规划上诉委员会	○	●
	规划行政实施部门	●	●
上下级关系	上下级政府之间的规划协调	○	●

注：○表示没有或者很少，●表示数量较多的存在。

4.3 中英规划编制体系比较

4.3.1 编制依据比较

我国法定规划编制的依据有《中华人民共和国城乡规划法》（简称《城乡规划法》）（2008 年）、《城市规划编制办法》（2006 年）以及相关的国家、地方的技术规范。《城乡规划法》提出的是较为原则性、政策性的规定。《城市规划编制办法》是对《城乡规划法》提出的编制要求的细化。技术规范为法定规划的编制提供了技术标准。由于我国幅员辽阔，各地的实际情况有所不同，许多城市也制定了本城市的技术规范。

英国法定规划编制的法定依据有《规划与强制性购置法》（2004 年）。地方发展框架需遵守《城乡规划（地方发展）条例》（2004 年）的规定。由于英国法定规划提供的是较为政策性的规划条文，因此英国法定规划的制定没有太多的技术规范上的要求，但是必须服从国家规划政策指引和国家规划政策声明的相关规定。

表 4-2　中英两国法定规划编制法定要求

中国	英国
总体规划	国家规划政策框架
《城乡规划法》（2008年）：规划制定与实施的基本原则、规划与组织编制主体、审批主体、编制内容、基础资料、编制程序等 《城市规划编制办法》（2006年）：规划制定的基本原则、规划与组织编制主体、组织与报批程序、回顾上版规划、公众参与、编制内容	国家层面的政策框架文件，作为地方规划部门和决策者的重要指导文件
控制性详细规划	地方发展框架
《城乡规划法》（2008年）：规划制定与实施的基本原则、规划与组织编制主体、审批主体、基础资料、编制程序等 《城市规划编制办法》（2006年）：规划制定的基本原则、规划与组织编制主体、编制内容	《规划与强制性购置法》（2004年）：前期调查；发展日程、地方发展文件、社区参与陈述的制定要求；地方发展文件的编制；独立检查；国务大臣的权力；地方发展文件的取消、撤回、采纳；区域战略的一致性；可缺省国务大臣的情况；联合编制主体；规划指引、年度监测报告的制定要求 《城乡规划法（地方发展）条例》（2004年）：调查区域；地方发展计划的内容要求；地方发展文件的形式和目录；补充规划文件的申请、公众参与、修改意见、采纳、撤回和修订；发展规划文件的编制程序；发展规划文件的陈述、与区域战略协调、处理公众意见的方式；发展规划文件的独立检查、采纳、撤回、修订、召回；国务大臣的权利；年度监测报告的制定要求

资料来源：根据中国的《城乡规划法》（2008年）、《城市规划编制办法》（2006年）和英国的《规划与强制性购置法》（Ministry of Justice. Planning and Compulsory Purchase Act 2004）、《城乡规划法（区域规划）条例》[Ministry of Justice. The Town and Country Planning (Regional Planning) (England) Regulations 2004]、《城乡规划法（地方发展）条例》[Ministry of Justice. The Town and Country Planning (Local Development) (England) Regulations 2004] 整理。

可以看出，中英两国制订的从属法规都集中在规划编制和规划运作上，说明了两国对于规划法调整、控制规划行政权力的重点都很明确。但从条款的内容上看则有一定的区别，我国偏重于规定规划编制的内容及分级的政府审批，规定较细。而英国则偏重于规划编制、采纳、更替、撤回等程序规定，对法定规划的编制内容和方法的规定并不多。

4.3.2 编制层面比较

关于法定规划编制，可以将中英两国现行法定规划在编制层面进行比较。具体见表4-3。

表4-3 中英法定规划编制层面比较

	中国	英国	主要作用
区域	城镇体系规划	区域空间战略	协调区域内的社会、经济、环境、基础设施的发展
地方	总体规划	—	城市社会、经济发展策略，城市空间布局、大型设施布局
地方	控制性详细规划	地方发展框架	规划区内城市空间布局，开发控制的依据

注：灰底为法定规划。

中英两国现行法定规划都有两个层面。我国的总体规划和控制性详细规划都位于地方层次。总体规划属于战略性规划，主要作用是提出城市社会、经济发展策略，城市空间布局、大型设施布局；控制性详细规划属于实施性规划，是开发控制的依据。而英国的地方发展框架位于地方层次，主要是提出规划区内的空间战略和为开发控制提供依据。

4.3.3 编制内容比较

4.3.3.1 基本内容与控制方法的比较

比较英国地方发展框架编制内容与我国的总体规划和控制性详细规划的编制内容。具体见表4-4。

表4-4 中英法定规划编制内容比较

内容	中国法定规划		英国法定规划	
	总体规划	控制性详细规划	区域空间战略	地方发展框架
规划目标	○	○	○	○
城市性质与定位	○	○	○	○
经济发展	◎	○	○	○
人口	●	●	●	●
土地利用	◎	◎	○	○
交通	◎	●	○	○
公共、市政设施	◎	●	○	○
住房	×	×	◎	●
就业	×	×	◎	●
城市设计	○	○	×	○
自然环境保护	○	×	○	○
建成环境保护	○	○	○	○
地块控制	×	●	×	×
建设时序	●	●	×	×
成本估算	×	○	×	×
气候	×	×	×	◎
社区战略	×	×	×	◎
年度监测报告	×	×	×	◎
地方发展计划	×	×	×	◎
社区参与陈述	×	×	×	○

注：●表示定量控制为主，◎表示定性和定量控制相当，○表示定性控制为主，×表示不涉及；灰底为强制性内容。

资料来源：中国部分根据《城市规划编制办法》（2006年）整理，英国部分根据《英格兰东部区域空间战略》《剑桥地方发展框架》整理。

中英法定规划在基本内容和控制方法上的区别如下：

首先，从编制涉及的内容上看，两国法定规划都涉及规划目标、功能定位、经济发展、土地利用、交通、公共与市政设施、建成环境（历史环境）

保护等方面。但英国法定规划涉及的内容比较多，还涉及住房、就业、自然环境保护、气候、社区战略、年度监测报告、地方发展计划、社区参与陈述等方面。我国的法定规划是以土地利用为核心的规划，而英国是以土地利用为主，结合社会、经济、环境等方面的综合性规划。

其次，从各项内容控制方法上看，同层次规划比较而言，英国法定规划的指标以定性控制的方法居多，其次是定性与定量结合的方式，再次是定量的方式。我国法定规划编制内容的控制方法，以定性与定量结合的方式居多，其次是以定量的方式，再次是以定性的方式。从控制方式的不同可以看出，我国的法定规划是为城市开发建设提供技术指导，具有明显的技术性特征；而英国的法定规划更多的是为城市发展提供政策指引，具有明显的政策性特征。在地方层次的规划演变为地方发展框架后，英国的法定规划融入了年度监测报告、地方发展计划、社区参与陈述等管理实施性文件，使得英国地方层次的法定规划同时具有政策性和实施性的特征。

最后，根据《城市规划编制办法》（2006 年），我国的法定规划涉及强制性内容，主要包括用地规模、重要基础设施、历史文化遗产保护、生态环境保护等方面，而英国的法定规划不具有强制性内容这一提法，因为经过法定程序编制的所有政策都被认为是强制性内容。

4.3.3.2 地块控制体系比较

我国控制性详细规划对于地块的控制指标分为规定性指标和指导性内容两大类。规定性指标是在实施规划控制和管理时必须遵守执行的，体现为一定的"刚性"原则，如用地界限、用地性质、建筑密度、限高、容积率、绿地率、配建设施等。指导性内容是在实施规划控制和管理时需要参照执行的内容，这部分内容多为引导性和建议性，具有一定的弹性，如人口容量、城市设计引导等内容。

英国地方发展框架对于地块开发的控制指标分列在三个文件中。核心战略是对地块空间布局的控制；场地详细布局主要关注的是地块的具体位置、使用性质和地块周围的自然、历史等环境要素；实施区规划对地块开发的控制指标比较多，包括用地性质、用地面积、用地边界、住房密度、开放空间建设要求、建筑形式、文娱体育设施、医疗卫生、教育设施、停车位数量与设计、无障碍设计等方面。具体见表4-5。

表4-5 中英法定规划地块控制指标比较

项目	中国	英国		
	控制性详细规划	地方发展框架		
		核心战略	场地详细布局	实施区规划
控制要点	空间布局、项目的位置、控制指标	空间布局	场地详细布局	实施区规划
土地使用	用地面积、用地边界、用地性质、土地使用相容性、容积率、建筑密度、绿地率	—	场地的位置与附近地区的要素	项目的位置、建设原则、控制指标
建筑建造	建筑高度、建筑后退、建筑间距、建筑体量、建筑色彩、建筑形式、其他环境要求、建筑空间组合	—	用地性质、用地面积、用地边界	用地性质、用地面积、用地边界、住房密度
设施配套	给排水设施、电力电信设施、供气供热设施、交通设施、环卫设施、教育设施、医疗卫生设施、商业服务设施、行政办公设施、文娱体育设施、附属设施	—	—	开放空间建设要求、建筑形式
行为活动	交通组织、出入口方位及数量	—	—	文娱体育设施、医疗卫生、教育设施

注：加框要素（如 A ）为定性控制，其他为定量控制。

资料来源：中国部分根据《城市规划编制办法》（2006年）整理，英国部分根据《剑桥地方发展框架》整理。

中英在地块开发控制体系上的区别在于：

首先，从指标数量上看，控制性详细规划明显比地方发展框架要多得多，控制性详细规划涉及的专项规划也比较多。

其次，从控制方式上看，控制性详细规划需要对规划区内所有的地块进行控制，包括已建的、待建的。而英国对于整体采取简要的战略性的控制（核心战略），对于改变较大的实施区的地块采用比较多的控制指标。

最后，控制性详细规划多为工程技术上的指标，数量上确定的方式也是以工程的要求为出发点。而英国的地方发展框架的最重要的指标是开放空间建设要求、停车位数量与设计和住房密度，控制指标是以人的需求为出发点，体现了对人的关怀。

4.3.4 编制过程比较

我国的《城乡规划法》（2008年）和《城市规划编制办法》（2006年）对法定规划编制的程序并不多，根据法定规划普遍的编制情况，总体规划和控制性详细规划的编制过程基本相同，都可分为前期调研、设计初步方案、技术论证和方法初审、方案修改、上报批准等多个阶段。但英国地方发展框架比区域空间战略编制的程序略为复杂一些。由于地方层次的法定规划与建设开发的联系最紧密、与公众利益的关系最直接，其法定规划编制程序比较有代表性。故本文仅将我国和英国地方层次的法定规划的编制程序进行比较。另外，我国的《城乡规划法》（2008年）和《城市规划编制办法》（2006年）对于法定规划编制过程的公众参与没有过于严格的要求，但国内某些城市的法定规划改革走在了前列，如深圳的法定图则制度。《深圳市城市规划条例》规定法定图则审批前必须经过30天的公示，对公众参与提出了明确的要求。将我国普遍实行的控制性详细规划、深圳的法定图则和英国的地方发展框架的编制程序进行比较，探究两国法定规划编制程序的差异。（见图4-2）

我国的控制性详细规划、深圳法定图则与英国的地方发展框架在编制程序上存在以下差别：

（1）"编制年度计划与委托"VS"地方发展计划"

我国控制性详细规划和深圳的法定图则在规划编制前，先由城市规划局编制"年度计划"。"年度计划"是城市规划局根据总体规划实施的情况、城市建设情况、规划管理中的热点问题，制订年度规划编制计划。城市规划局根据审批后的"计划书"，委托具有一定资质的规划设计院编制具体的规划项目。

英国法定规划编制依据"地方发展计划"进行。"地方发展计划"是由区

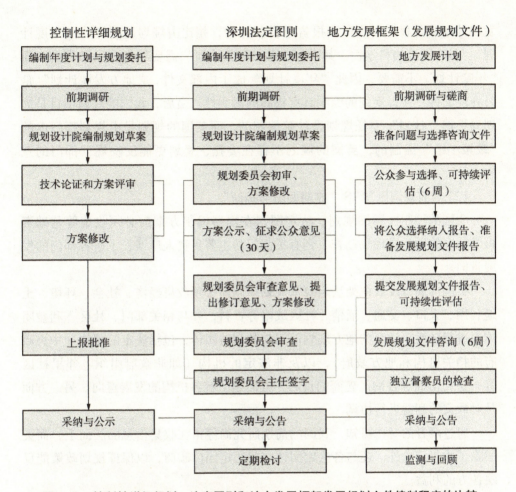

图 4-2　控制性详细规划、法定图则和地方发展框架发展规划文件编制程序的比较

资料来源：控制性详细规划源于《城市规划资料集第四分册控制性详细规划》（中国城市规划设计研究院，建设部城乡规划司．北京：中国建筑工业出版社，2002）；深圳法定图则部分源于《深圳市城市规划条例（2001 修正）》（深圳市人民代表大会常务委员会，2001）；地方发展框架源于 Planning Policy Statement 12：Local Development Frameworks（Office of the Deputy Prime Minister. London：HMSO，2004）。

规划部门根据地方层次规划的上层次规划的要求，结合本地规划年度监测报告对于城市各个规划的实施情况制订的"规划计划"。地方发展计划必须经过6周的公示和咨询，再由城市委员会通过方可实行。区规划部门的"政策小组"（Police Team）根据"地方发展计划"的日程安排编制规划。

"编制年度计划与委托"与"地方发展计划"的区别在于：首先，"地方发展计划"是根据年度监测报告进行制订的，相比由规划局制订的"年度计划"，具有更高的科学性。其次，"地方发展计划"需要经过公示和咨询，而"年度计划"不需要，因此"年度计划"成了内部文件，"地方发展计划"是公开的文件，使得规划的编制具有很高的透明性。最后，我国的规划项目是规划局根据"计划"委托规划设计院编制的，而英国的规划是由规划部门内的"政策小组"编制的，英国的规划不存在委托，规划更能反映规划部门的意志。

(2)"前期调研"VS"前期调研与磋商"

我国的控制性详细规划、法定图则在规划编制方案前必须收集等基础资料，普遍的做法是现场勘查，到有关部门与主要负责人座谈，了解各部门的发展意向。

英国的地方发展框架法定要求规划编制前必须收集经济、社会、环境、土地利用、人口、交通、通信、社区战略等资料，并与相关部门、社区、利益团体、进行磋商。磋商的地方规划部门与各利益团体，包括法定的团体（中央政府的相关机构和地方政府），以及非法定的机构（如非政府组织、邻里社区等）进行协商和咨询。磋商的目的一方面是了解各机构的发展意向，另一方面是对冲突的利益进行协调。

通过两者的对比可知，我国的前期研究尚停留在收集信息的层面上，而英国除了收集信息外，还与各法定团体与非法定团体磋商，以保证规划政策能反映各方的利益。

(3)"规划设计院编制规划草案"VS"准备问题与选择咨询文件"

我国的控制性详细规划、法定图则的规划草案一般做多个方案，分析各个方案的优缺点，规划设计院也可以指出推荐方案，然后由专家进行论证，最终选定一个方案进行深化，或者形成综合方案。

英国的地方发展框架是编制问题与选择咨询文件，规划部门对各种政策列出可能发展的策略作为选项，选项可以有两个也可以有多个，也有不能选择的政策，如保护城市的自然要素等，经过下一阶段公众选择后决定发展的方案。

两者的差别在于，我国提供的是若干个方案，能选择的余地比较少，而且通常各个方案都有自己的优缺点，难以得到最佳选择；而英国的几乎每一个政策都可以选择，相对而言，可以形成的方案的个数的可能性比较多，也有利于得到比较优秀的方案。

（4）"公众参与"VS"公众咨询"

我国的控制性详细规划尚无公众参与的严格要求，深圳的法定图则要求图则必须经过30天的公众参与，具体做法见《深圳市城市规划条例》（1998年）：

第二十五条　法定图则草案经过市规划委员会初审同意后，应公开展示30日……

第二十六条　法定图则草案在公开展示查询期间，任何单位和个人都可以书面形式向市规划委员会提出对法定图则草案的意见或建议。

第二十七条　市规划委员会应对收集的公众意见进行审议，经审议决定予以采纳的，市规划主管部门应对法定图则草案进行修改。

……

深圳法定图则的"公众参与"与英国地方发展框架的"公众咨询"的区别有以下方面。

首先，在规划编制的过程中公众参与的阶段不同。深圳是在"法定图则"草案经过市规划委员会初审同意后"进行的，也就是在规划方案基本上已经确定的情况下才进行。而英国是在形成初步草案，但还有规划政策有待确定、没有经过审批的情况下进行的，规划需要通过"公众咨询"选择具体的规划方案。相比较而言，英国的公众具有更多的权力，深圳的公众参与容易流于形式。

其次，公众参与的方式不同。深圳法定图则提供公示的是已成形的规划方案，公众就此提出书面意见，而根据以上对中英法定规划编制内容的比较得知，我国的法定规划是专业程度相当高的技术规划，公众难以理解，更说不上提专业的书面意见。英国的地方发展框架采用提供"选项"（Options）的方式，公众可以通过设计好的问卷进行选择，或提出书面意见，这样的方式使得公众更容易参与规划。

再次，公众参与的参照不同。深圳法定图则在公示时没有提供一个公共的参照价值的标准，公众有不同的利益群体，容易根据自身的利益提出意见，一方面使得冲突的意见难以综合，另一方面难以得到真正有价值的、中肯的、专业的意见，难以达到公众参与的目的。英国的地方发展框架在"公众咨询"

阶段，必须提供可持续评估报告，公众可以根据可持续评估报告，结合自身的利益，做出一个较为中肯的选择。

最后，对于公众意见处理的方式。深圳法定图则没有提供明确的公众意见处理方式，并且只公示被采纳的意见。英国的地方发展框架有明确的公众意见处理方式，对于所有的公众意见及其处理方式都将公布于众。

以阿恩斯坦的公众参与阶段来表示我国控制性详细规划、深圳法定图则和英国的地方发展框架的公众参与程序，结果见图4-3。可见，我国法定规划公众参与的程度还比较低。

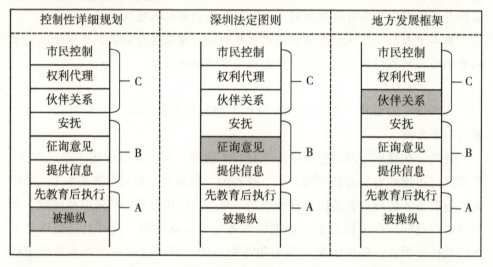

图4-3 控制性详细规划、深圳法定图则和地方发展框架的阿恩斯坦公众参与阶段

注：A表示没有参与；B表示象征性参与；C表示公民。

资料来源：根据《公众参与阶梯》[Arnstein, Sherry R. A Ladder of Citizen Participation. JAIP, 1969, 35 (4): 216-224]，有改动。

(5) "专家论证" VS "可持续评估"

在我国，一个控制性详细规划能否通过，关键在于是否能通过专家的技术论证，而在英国，是以可持续评估报告作为审核方案的依据。相对而言，英国的可持续评估的做法更科学，更能体现可持续发展的价值取向。

(6) "上报批准" VS "独立督察员的检查"

我国的控制性详细规划需要地方规划部门批准，深圳法定图则是由规划委员会批准，本质基本相同。

英国的地方发展框架除了要通过区议会的批准外，还需要通过国务大臣专门委派的独立督察员的检查，检查规划的编制程序、规划过程的公正性、规划内容的可持续性报告，并发表督察报告，地方发展框架才能被采纳。

(7) "采纳与公示" VS "采纳与公告"

我国的控制性详细规划、法定图则采纳后，要求公示，但大多数城市公示程度不够，大多数城市的控制性详细规划多在某一固定地点展示，而且仅为"一幅图纸"，使得公众难以理解，公示方式太少，有些规划甚至没有公布。

英国的地方发展框架的每一步、每一阶段的成果都必须公布，通过多种方式宣传，并且在政府网站可以查询最新的规划进展和规划成果。

(8) "定期检讨" VS "监测与回顾"

我国的控制性详细规划尚没有对规划检讨和回顾的要求，动态更新机制没有建立，从而成为"详细蓝图"，而我国的城市开发建设的速度相当快，城市未来发展的不确定性很高，使得城市建设情况与控制性详细规划往往不符合，规划容易过时。地方规划部门采取的应对方法只能是再编制新规划，使得控制性详细规划出现了易编易改的情况，控制性详细规划的法律地位难以提高。

深圳法定图则有"定期检讨"的要求。同时，深圳在全市实行了统一分区，有计划编制的制度，法定图则的编制工作比较成体系，使得规划的定期检讨成为可能。但是，对于定期检讨的工作方法还不够完善，如检讨的时间间隔、检讨的方法、规划根据检讨修改的制度等还有待完善。

而英国的监测和回顾有明确的制度规定。监测要求每年进行，并要发布详细的监测报告。法定规划的每项政策有特定的评价指标，监测小组每年对每项规划政策的实施情况进行监测，并对规划政策的进一步实施提出建议。法定规划回顾的时间一般是5年，规划小组根据规划的实施情况，决定是否需要对规划进行修订或编制新的规划。

4.4 中英规划审批与执行体系比较

中英规划审批和执行体系的比较研究分别从审批、开发控制和监督三方面进行详细论述。

4.4.1 审批层面比较

我国《城乡规划法》明确规定了城市总体规划必须报上一级政府（最高是国务院）进行审批，详细规划报同级人民政府审批。而英国法律规定郡级规划部门并无审批区级规划部门编制的地方规划的权利，区级规划部门编制的地方规划在满足上层次规划的条件下经郡级规划部门认可即可采纳，其自主权较大。

4.4.2 开发控制层面比较

由于中英两国在土地所有制上存在着根本性不同，我国的土地所制是公有制，而英国是土地私有制，这必然导致中英两国在开发控制体系上的差异。（见表4-6）

在开发控制方式上，中英两国采用的方式都是判例式。① 我国城市规划实施时，政府着眼于城市用地的统一管理和分配，对个别开发申请时按一定规则有弹性地审批。而英国进行土地开发控制的基本原则是根据"法定财产权"，规划部门在实施管理的同时必须保证土地拥有者的权益不受到侵害，于是产生了与我国截然不同的土地开发赔偿和补偿机制。

在英国，整个开发控制过程保证公开透明，是对其规划行政行为的法定诉求。从规划申请提出时公开签发的"开发令"通告、处理申请的日程安排、会议纪要到对申请的判决等一系列过程，都要求政务透明。而我国虽然也有规划主管部门对政务公开的行政要求，但现实中却往往很难做到这一点。

英国的开发控制必须按照非常详细的程序进行，不得丝毫违反法定程序。而在我国开发控制的实践中，开发控制实施过程容易受到行政指令的影响，易于改动和出现控制不力的现象。

---

① 开发控制方式大体有通则式和判例式的两种方式，通则式即对与法定规划相符的规划审批无须经规划机构的审批，判例式则是所有的规划都必须经过规划管理机构的审批方能建设。

表4-6 中英城市规划开发控制程序比较

英国开发控制程序	中国开发控制程序
核发开发的核发证件（8周）	核发"建设项目选址意见书"（包括环境影响评估、提出规划设计条件等）
受理相关上诉	—
受理规划概要许可申请	审查规划设计方案
签发开发令及有关通知	核发"建设用地规划许可证"
申请"保留事项"规划许可	—
审理规划许可申请（8周）	审查建筑施工图
核发规划许可及有关通知	核发"建设工程规划许可证"
受理6个月内提出的上诉	—
签发中止通知书	竣工验收

资料来源：徐大勇. 英国的城市规划法规体系及其对中国的借鉴之处. 同济大学建筑与城市规划学院，2002：83. 有改动。

4.4.3 监督层面比较

虽然《城乡规划法》明确规定了我国城市规划应建立完善的规划监督检查机制，但要真正实施起来仍然存在着不少问题。而对规划管理部门做出的行政决策进行监督的一种有效方式，便是由当事人提出上诉。

英国规划法规明确规定了对规划申请判决不服可提出上诉，并且有完善的处理此类上诉的一系列公开、透明的程序。在我国此类上诉程序只能遵循其他有关行政诉讼的法律，而针对具体的规划控制的行政裁量权相对缺乏制约和监督。

中英城市规划审批与执行体系比较见表4-7。

表4-7 中英城市规划审批与执行体系比较

国家	法定规划名称	审批	开发控制方式	上诉机制
英国	城镇规划大纲	地方政府委员会、健康部大臣或城乡规划大臣审批	判例式	英国规划法规明确规定了对规划申请判决不服可提出上诉，并且有完善的处理此类上诉的一系列公开、透明的程序
	开发规划	住房与地方政府事务部大臣审批		
	结构规划	中央国务大臣审批		
	地方规划	区级政府审批		
	整体发展规划	中央国务大臣审批		
	区域空间战略	中央国务大臣审批		
	地方发展框架	区级政府审批		
中国	城镇体系规划	国务院审批	判例式	我国此类上诉程序只能遵循其他有关行政诉讼的法律
	总体规划	直辖市、省、自治区人民政府所在地的城市以及国务院确定的城市的总体规划由国务院审批；其他城市的总体规划，报上一级人民政府审批		
	控制性详细规划	地方人民政府审批		

以上从中英城市规划法规体系、行政体系、编制体系、审批和执行体系四个方面做了较为详细的比较和分析，可以看出中英两国城市规划体系上有着较多的相似之处。比如，中英两国都是中央集权制国家，同样采用"中央—地方"的分级管理体制，在开发控制上都采用了判例式，等等。

当然，两国城市规划体系也有更多的差异。譬如，从比较规划法规体系结构得出中英两国存在着有无"专项法"的差异，中英两国的法定规划编制内容偏于技术性或政策性的差异，中英规划编制过程中公众参与程度的差异，中英城市规划上诉机制的差异，等等。当然，应该认识到这些差异大部分是受两国宏观背景条件（政治、社会经济发展程度、城市化进程、历史背景等）的影响的。

4.5 英国城市规划体系对我国城市规划体系借鉴

4.5.1 借鉴的背景与前提

4.5.1.1 中英城市规划体系实行背景的差异性

我国是实行土地公有制的国家,而英国是典型的土地私有制国家,生产资料所有制的差异导致中英两国在土地开发控制体系上有着很大的差异。

从经济发展程度上看,英国是发达国家,而我国仍是发展中国家。再从城市发展阶段来看,我国绝大部分地区如今仍处于快速城市化的进程当中,其城市规划和管理面临的主要问题是城市郊区的大开发建设;而英国早已经历了快速城市化的阶段,其目前城市规划和管理面临的主要问题不再是大量的郊区建设,而是城市内部的更新、建成环境的保护等问题。这些使得中英城市规划关注的重点有很大差异。

当然,中英两国也有不少相同之处。首先,中英两国都是中央集权制国家,给中英两国在规划行政体系的比较提供了可能。其次,中英两国的开发控制方式都是判例式,这也是我国学者一直不断地研究英国城市规划的一个重要原因。更重要的是,英国在城市化发展过程中,根据不同的发展需求进行的城市规划体系变革,对于我国不断完善城市规划体系有着重要借鉴意义。

4.5.1.2 我国城市规划体系存在问题

(1) 规划法规缺乏上诉内容

从《城市规划法》向《城乡规划法》的转变,突出了从关注城市发展向注重城乡统筹发展的转变,关注了从注重经济发展的规划向更多关注公共利益的民主决策的规划的转变。但是,这些转变是有限的,我国城市规划法规体系仍存在着不少问题。如今,我国《城乡规划法》仍缺乏规划上诉的内容。

(2) 规划行政效率较低

我国现行"市管县"模式增加了行政管理层次,行政效率低下。目前从我国地方行政层级上看，最尖锐的矛盾体现在地级市与县（市）之间，经济上争资源、争土地、争项目的竞争关系与行政上的上下级隶属关系屡屡发生冲突，行政成本高，行政效率低。

规划审批权力过于集中，规划行政效率有待提升。我国大城市一般都设有分区政府，但是分区政府对城市规划的编制权和审批权却很模糊。大部分分区政府对其辖区内的规划有编制权，却没有审批权，辖区内的规划需要上报市政府审批。譬如，分区政府负责编制的自己辖区内的控制性详细规划需要上报市规划管理部门审批。这样大大加重了市规划管理部门的工作压力，容易导致审批时间增加，降低了规划行政的效率。

（3）城市规划编制面临众多问题

城市总体规划在我国具有较高的法律地位和权威性，但是，总体规划存在着模式较为僵硬、弹性不足、编制审批过程耗时过长、公众参与程度不够、操作性不强等问题。而我国城市正处于快速城市化的进程中，未来的发展充满着不确定性，城市发展规模、用地需求与空间布局难以预测，僵硬的总体规划难以适应城市发展的快速变化；城市总体规划的编制审批过程耗时过长，使得规划编制的速度跟不上城市开发建设的速度，容易导致规划"贻误"和规划失效；总体规划的内容除了人口规模和用地规模预测是定量分析外，基本以定性内容为主，对下层次的控制性详细规划的核心内容——地块指标控制体系没有实际的指导意义，导致总体规划无法"落地"。

控制性详细规划在我国发展时间较短，各方面的体制建设，特别是法制建设还不尽完善、权威性不足，经常受到政府或个人权力的干预而导致管理失控。重点问题有：①控制性详细规划试图用定量指标的控制方式对城市开发建设活动进行控制，但一个地块的控制指标往往是靠城市规划师的经验进行主观判断，缺乏科学性。②风靡全国的"控制性详细规划全覆盖"的工作任务重，时间紧，使得在编制控制性详细规划时易出现对现状资料收集不全、现状分析不足、控制指标的制定凭主观判断等问题，导致控制性详细规划可操作性差。③控制性详细规划的指标控制体系过于机械和僵硬，缺乏动态更新机制，使得控制性详细规划灵活性不足，难以适应我国城市快速发展的要求。④控制性详细规划的编制过程缺乏公众参与。虽然《城乡规划法》（2008年）明确规定规划上报审批前必须将草案予以公示，但公示往往由于政府宣传力度不够、公众自身参与意识缺乏、专业性过强等原因流于形式，没起到实际作用。

4.5.2 规划法规体系借鉴

我国城市规划法规体系中没有上诉内容。行政相对方对规划管理部门做出的行政决策产生异议提出上诉时，只能遵循其他有关行政诉讼的法律，容易导致针对具体的规划控制的行政裁量权相对缺乏制约和监督。而在英国，开发商进行上诉时无须遵循城市规划体系之外的其他法律，因为城乡规划法明确地规定了规划上诉的内容，并且有一系列完善的处理此类上诉的公开、透明的程序。因此，我国城市规划法规可以引入上诉的内容，加强对规划行政决策的监督。

在我国部分城镇地区，有小部分农民为了获得更高的规划赔偿而在规划区进行新的建设，这在一定程度上扰乱了我国城市规划有效引导开发控制的管理过程。而在英国，对规划赔偿和土地开发必须申请开发许可有明确的规划法规进行规定，并且依法实施规划管理，保证规划对土地开发实施有效的监督。因此，我国城市规划法规也可以借鉴英国规划法规，引入规划赔偿的内容，建立完善的规划赔偿机制，以合理地解决我国在城市化快速进程中遇到的土地赔偿问题，加快我国法制化、民主化的进程。

4.5.3 规划行政体系借鉴

(1) "省管县"改革尝试

在英国，一些经济发达、人口密度大的大都市区已经脱离原郡级政府的管辖，直接受中央政府管辖，从而减少了行政管理层次，相对城市规划而言，也减少了规划编制的层次，在一定程度上提高了规划行政效率。

我国的浙江省和海南省已经实行"省管县"改革尝试。浙江模式很重要的经验就是财政体制上的"省管县"，而在社会管理和公共服务等方面还不是完全的"省管县"。而海南模式则是完整的行政上的"省管县"，从1988年建省开始就没有实行"市管县"，海南省20余个县、县级市、地级市都是直接归省管，不存在地级市对县的行政管理问题。

我国现行"市管县"模式与"省管县"模式相比，增加了行政管理层次，也增加了总体规划的编制层次，增加了城市规划开支，降低了规划行政效率。因此，借鉴英国行政区划调整经验和海南、浙江的改革尝试，建议我国部分省实行"省管县"模式改革，从而减少总体规划的编制层次，减少城市规划开支，提高规划行政效率。

（2）部门合并与机构精简

从英国近百年来的城市规划行政主管部门调整经验来看，中央政府一直都有部门合并、行政机构精简的趋势，将不属于政府职能的机构分离出去，可节省行政开支和提高行政效率。2008年，我国中央政府也和英国一样，第六次进行部委大调整，将几个部门进行了合并，实行和英国一样的"大部委制"。这样，在一定程度上精简政府机构，对节省政府行政开支和提升行政效率有很大帮助。当然，这只是一次有效的行政改革尝试，以后这样的改革机会将会更多，但其行政效率提升的诉求将不会改变。

（3）加强相邻地区的区域协调合作

城市规划需要在不断发展的城市化进程中，反映出城市及其周边区域基本的动态的统一性，并且要明确地区与地区之间的功能关系。英国编制地方规划或者地方发展框架时，当地规划委员会都必须与相邻地区委员会举行座谈会进行磋商，以共同商议确定两个地区相邻区域的发展政策，促进广域的协调发展。同时，英国还有部分规划是需要区域合作才可以完成编制，譬如废弃物规划和矿物规划。而我国在区域协调合作方面则较为薄弱，地方人民政府编制城市总体规划时，大部分采取各自为政的态度，与相邻城市的协调合作较少。因此，借鉴英国的区域协调合作机制，建议我国地方人民政府编制城市总体规划和详细规划时注重与相邻地区的协调与合作，搭建起完善的区域协调合作机制，避免以牺牲相邻地区的发展为代价的地方发展模式，减少相邻地区规划建设目标的矛盾与冲突，从而达到广域的共同发展。

4.5.4 规划编制体系借鉴

4.5.4.1 编制内容借鉴

（1）总体规划中增加定量控制指引内容

如今我国总体规划的内容除了人口规模和用地规模预测的定量分析外，基本是以定性内容为主，无法对下一层次的控制性详细规划的定量指标控制体系有实际操作上的指导作用，即无法实现从定性向定量的直接转变，使得控制性详细规划的指标体系是靠城市规划师的经验凭主观判断获得而没有统一标准。因此，在总体规划中引入定量控制指引的内容，从宏观层面上指导下层次的控制性详细规划的指标，显得尤为必要。

英国城市规划体系中最早的城镇规划大纲阶段就提出了密度分区的政策，后期的开发规划和结构规划都在一定程度上发展了有关密度分区的控制政策，用密度分区的政策来有效地指导下层次的直接作用于开发控制的规划。因此，密度分区的政策可以引入我国总体规划的编制内容当中，用密度分区政策从宏观层面指导控制性详细规划的用地指标控制。其实，在总体规划中增加密度分区的内容，在深圳市编制的《深圳市城市总体规划》（2010—2020）中已有所体现，如今需要的是把这一有效措施推广到其他城市或地区的总体规划编制当中。

（2）分区域编制不同深度规划内容

英国现行的地方发展框架将宏观的战略性政策（核心战略）和微观的实施性内容（实施区规划）包容在一个规划文本当中，针对大范围的规划区只提出简练、概括性的发展策略，针对近期需要进行快速投建的区域制定详细的实施区规划，改变了原来地方规划对所有区域都采取同样深度的内容的规划控制形式。这种有针对性的分区域编制的改革，不仅可减少规划编制工作的负担，而且可加快规划审批的速度。我国的总体规划和控制性详细规划编制可以借鉴英国上述做法，分区域编制不同深度的规划内容的灵活的编制方法。

（3）规划编制成果纳入实施性文件

我国城镇体系规划、总体规划和控制性详细规划的内容中虽然也有"建设时序""规划实施"之类的实施性内容，但由于其内容的编制缺乏对现实发展状况的深刻考虑，使得这些实施性内容容易流于"形式"，没有实际的可操作意义，对城市规划的实施没有太大帮助。英国的地方发展框架将地方发展计划、社区参与陈述和年度监测报告等实施性文件纳入了规划成果，从而将单纯的规划文件和规划实施性文件结合在一起，两者相互联系、相互制约，易于实现，提高了规划的可操作性。我国也可以借鉴英国这种规划编制成果纳入实施性文件的做法，城镇体系规划、总体规划和控制性详细规划都可以要求在编制规划的同时编制具体的可操作的实施文件，并将两者都纳入规划成果。

（4）内容上技术性与政策性并重

如今，我国总体规划和控制性详细规划都是偏于技术性的规划文件。而我国正处于快速城市化的进程当中，城市面临大量的开发建设活动，这种过于技术性的规划文件无法满足城市发展的不确定和多样性的需求。我国借鉴英国地方发展框架偏于政策性宏观控制的经验，根据我国城市发展的需要，结合我国总体规划和控制性详细规划的技术特征，把中英两国技术性和政策性特征融合在一起，对控制性详细规划中的强制性控制的内容采用偏技术性的内容形式，一般控制内容可以采用偏政策性的形式，对战略性规划的总体规划宜采用偏政策性的形式，从而提高我国城市规划编制内容的灵活性。

（5）规划应着眼于创造一个综合与多功能环境

我国的城市规划多注重于对城市规划分区的问题，集中考虑的问题多为城市土地利用问题，缺乏对社会、经济和环境问题的关注。这是自雅典宪章（由生活、工作、游憩和交通四个基本功能的划分而引出城市分区的做法）以来大多数发达国家都曾经历的一个发展阶段，过多地追求土地利用区划，过多地追求分区清楚却牺牲了城市的有机构成，英国城市规划体系在第三阶段——"二级"体系阶段诞生时，就曾对上一阶段——开发规划阶段做出了类似的批判。如今，我国也不应当把城市当作一系列的组成部分拼在一起考虑，而必须努力去创造一个综合的、多功能的环境。

4.5.4.2 编制过程借鉴

（1）加强公众参与

比较英国地方发展框架与我国总体规划和控制性详细规划的编制过程的公众参与阶段可知，地方发展框架的编制过程有四个公众参与的阶段，分别为选项调查时的公众咨询、草案提交前的公众参与、规划提交后的公众咨询，以及规划被采纳后的公示；而我国的总体规划和控制性详细规划的编制过程只有两个公众参与的阶段，分别是技术论证和方案评审前的公众参与以及规划被采纳后的公示，而且技术论证和方案评审前的公众参与还只是根据2008年《城乡规划法》的文本，并不是所有城市编制总体规划和控制性详细规划如今都实行了这一阶段。由此可知，我国的总体规划和控制性详细规划的公众参与程度明显不如英国地方发展框架的全过程参与。

因此，我国可以借鉴英国城市规划编制过程中的多阶段且长时间的公众参与程序。同时，我国的公众参与还可从以下两个方面进行改革：①在公众参与宣传的方式上，目前我国基本采用电视、报纸、网络等媒体对规划进行简要宣传，公众参与的兴致不高。这方面我国可以借鉴英国的经验，除了电视、报纸、网络这三种方式外，积极与社区和相关团体或机构合作宣传，调动公众参与的热情，并发放规划宣传手册，对规划和参与方式进行详细解释，使公众能对规划有更深的认识，最终取得有效的公众参与的目的。②在不同规划的参与方式上，战略性的总体规划的编制过程可采取较为简短、简易的公众参与方式，如公众检查；与居民的实际利益联系密切相关的技术性较强的控制性详细规划应采取较为复杂但操作简易的方式，如公众选择的方式。

(2) 引入可持续评估

英国现行地方发展框架中的核心战略、行地区规划、场地详细政策、补充规划文件的编制过程的每个阶段都伴随着可持续性评估，以验证这些发展规划文件与补充规划文件是否与可持续发展目标相一致。这样，英国城市规划体系把可持续发展与城市规划编制紧密地联系在一起。

如今，我们强调的科学地发展，实质上就是全面协调可持续的发展。在我国城市规划的编制过程中，可以借鉴英国地方发展框架的编制与可持续评估切合的做法，引入可持续评估机制，真正实现城市的可持续发展的目标。

(3) 建立基于监测的动态更新机制

英国现行地方发展框架中的年度监测报告强调每年对规划地区的失业率、就业率、人口指标、教育指标、住房指标、自然环境指标、河水质量、商业指标、开敞空间指标等内容进行监测，以确定规划是否达到预期目标，是否可持续发展，是否正朝地方发展框架的目标发展。这样，年度监测机制可以有效地监测地方的状况。

目前，我国大部分城市都处于快速城市化进程当中，城市发展外部和内部条件都经常发生变化，僵化的、不变的城市规划体系显然不能适应城市快速开发建设的要求，建立动态更新机制对于提高城市规划的灵活性显得非常重要。英国在这方面的经验是，地方发展框架通过年度监测和定期回顾的方法，使得规划能适应城市发展的快速变化。

因此，我国可以借鉴英国的年代监测和定期回顾的经验，为我国的城市规划体系建立一套基于监测的动态更新机制。这套基于监测的动态更新机制，可以从以下三个方面考虑：①利用先进的信息技术，建立城市规划的数据库，对各类规划的编制和审批进行实时更新。②建立完善的、可操作性的监测评价指标体系。③对总体规划和控制性详细规划进行年度监测，每年检验规划是否达到预期目标，是否可持续发展，是否正朝地方发展框架的目标发展。

4.5.5 审批和执行体系借鉴

4.5.5.1 部分审批权下放

在英国城市规划体系发展的第一阶段——城镇规划大纲阶段和第二阶段——开发规划阶段，区级政府都没有规划审批的权力，其城镇规划大纲和开发规划都需要上报中央国务大臣审批，如此操作的结果便是规划审批的时间大大延长，使得规划编制的速度跟不上开发的速度，容易导致规划"贻误"。英国不满于这种过慢的规划审批速度，在1968年将规划审批权力下放至区级政府。区级政府有了审批地方规划的权力，一定程度上提升了规划行政效率，大大提高了规划申请的决策率。后来，英国中央政府在地方发展框架中基本延续了规划审批权下放这一政策。

而在我国一些设有分区政府的大城市，市级规划主管部门的规划审批权力过于集中，其下辖分区规划主管部门有规划编制权却无审批权，使得分区规划主管部门负责编制的控制性详细规划必须上报市级规划主管部门审批。这样无疑加重了市级规划主管部门的行政负担，延长了控制性详细规划的审批时间，影响规划行政效率的提升和阻碍了城市的快速发展。因此，我国在市级规划主管部门和分区规划主管部门的问题上，可以借鉴英国规划审批权下放的经验，使得市级规划主管部门"抓大放小"，抓住重大项目审批权，把一些小型项目的审批权下放至分区规划主管部门，从而可以减缓市规划主管部门的工作压力，提高规划行政效率。

4.5.5.2 完善规划监督

虽然《城乡规划法》（2008年）明确规定了我国城市规划应建立完善的规

划监督检查机制，但实施起来仍然存在一定的问题。而对规划主管部门的行政决策实行监督的一种有效方式，便是由当事人提出上诉。

英国规划法规明确规定了对规划申请判决不服可提出上诉，并且有完善的处理此类上诉的一系列公开、透明的程序。而在我国此类上诉程序只能遵循其他有关行政诉讼的法律，针对具体的规划控制的行政裁量权相对缺乏制约和监督。因此，借鉴英国规划上诉监督机制，并且在我国城市规划法规中明确规定规划上诉监督的方式和程序显得尤为必要。

4.5.6 小结

虽然中英两国处于不同的城市发展阶段，但是两国都是中央集权制国家，开发控制方式都是判例式，为中英两国的城市规划体系比较研究提供了一定的基础。本章通过对中英两国规划法规体系、行政体系、编制体系和审批与执行体系四个方面进行比较研究，得出的经验总结是：①在法规体系上，我国城市规划法规体系中可以引入规划上诉的内容。②在行政体系层面，我国可以在行政区划调整上实行"省管县"改革尝试，实行部门合并和机构精简，加强相邻地区的区域协调合作。③在编制内容层面，在总体规划中增加定量控制指引内容，分区域编制不同深度的规划内容，将规划编制成果纳入实施性文件，使编制内容的技术性与政策性并重。④在编制过程层面，加强公众参与，引入可持续评估，建立基于监测的动态更新机制。⑤在审批与执行体系层面，下放部分审批权，完善规划监督机制。

第 5 章
英国城市规划体系改革与借鉴

5.1 英国城市规划体系演变

纵观近百年来英国城市规划体系的改革历程，先后经历了城镇规划大纲阶段，开发规划体系阶段，由结构规划和地方规划构成的"二级"体系阶段，由结构规划、地方规划和整体发展规划构成的"双轨制"阶段，由区域空间战略和地方发展框架构成的"新二级"体系阶段，以及国家规划政策框架和地方发展框架构成的国家地方体系阶段等六个阶段。

1909 年世界上第一部城市规划法——《住房与城镇规划诸法》颁布，建立了英国的现代城市规划体系。它第一次提出了政府必须对全国范围内的土地开发实行规划控制。在此之前，土地拥有者可以在其所拥有的土地上自由地进行各类开发活动。但是城镇规划大纲阶段的城市规划体系只是处于规划体系发展的初始阶段，是一种较为不成熟、不稳定、不完善的规划体系。

"二战"后，英国国内面对着大量的城市重建和城市开发的项目，城镇规划大纲已经不能适应当时城市大量的、形式多样的开发活动。1947 年，英国城市规划体系进入第二阶段——开发规划阶段。1947 年的开发规划实施后，在相当长的时间内发挥了强大的作用，城市发展处于规划的有效控制和指导之下，市场自发力量在空间布局中的作用受到了限制。

随着英国社会经济形势在 20 世纪 60 年代的快速变化，开发规划在新的历史条件下也显示出它的局限性和不适应性。1968 年《城乡规划法》带来了英国城市规划体系的"二级"体系——结构规划和地方规划。"二级"体系将战略性内容和实施性内容分离，可变性更大，也更灵活，对于未来发展的不确定更具有适应性。

1985年行政区划大调整，取消了大都市郡和大伦敦地区，整体发展规划为了适应这次大调整而出现。自此，英国国内保持着结构规划、地方规划和整体发展规划并存的局面，英国城市规划体系开始进入"双轨制"阶段。

但是，"双轨制"阶段存在体系过于复杂、编制内容过于细致、规划决策缓慢、公众参与困难等一系列问题。随着英国社会经济的发展，这些问题逐渐凸显出来，矛盾逐渐激化。2004年《规划与强制性购置法》改革了"双轨制"，建立了由区域空间战略和地方发展框架组成的"新二级"体系。2010年，区域空间战略被新执政的保守党和自由民主党联合政府宣布废除，英国的规划体系构成变成了"国家与地方"垂直衔接体系。

经历了近一个世纪的发展与改革，英国城市规划体系逐渐趋于成熟，其规划法规体系趋于完善；规划行政体系改革取得十分显著的效果；规划编制的内容更加广泛，不过有由微观向宏观发展的趋势；规划编制过程也得到逐渐完善，公众参与的程度得到不断加强；规划审批和执行体系也都有了较大的发展。

英国城市规划体系的改革受到多种因素的影响，主要包括：①社会经济因素。社会经济的发展要求城市规划能适应且促进社会经济的发展，社会经济的发展，是引起城市规划体系改革的重要的背景因素。②政治因素。英国城市规划体系的每次改革都与英国政治变革分不开，不论是政府执政党的更替，或者是期间中央政府权力的下放，还是行政区划的重大调整。可以说，政治变革是引起英国城市规划体系改革的决定力量。③公众认知的觉醒。如果说政治要素是自上至下作用的话，那么，公众认知的逐渐觉醒便是自下而上地影响着英国城市规划体系的改革。

5.2 英国城市规划体系改革对我国城市规划的借鉴

5.2.1 规划法规体系借鉴

我国城市规划法规中没有提及规划上诉，而英国有规划法规明确地规定了规划上诉的内容，并且有一系列完善的处理此类上诉的公开、透明的程序。我国城市规划法规可以引入上诉的内容，加强对规划行政决策的监督。

我国部分地区有少数农民为了获得更高的规划赔偿而在规划区进行新的建设，这在一定程度上扰乱了我国城市规划有效引导开发控制的过程。而英国对规划赔偿和土地开发必须申请规划许可有明确的规划法规的规定，并且依法实施规划管理。因此，我国城市规划法规也可以借鉴英国规划法规引入规划赔偿的内容，建立完善的规划赔偿机制，以合理地解决我国在快速城市化进程中遇到的土地赔偿问题。

5.2.2 规划行政体系借鉴

(1) "省管县"改革尝试

借鉴英国行政区划调整经验和海南省、浙江省的改革尝试，建议我国部分省实行"省管县"模式改革，从而减少总体规划的编制层次，减少城市规划开支，提高规划行政效率。

(2) 部门合并与机构精简

英国中央政府一直都有部门合并、行政机构精简的趋势，可节省行政开支和提高行政效率。我国中央政府也可借英国的经验，进行有效的部门合并和行政机构精简的改革尝试。

(3) 加强相邻地区的区域协调合作

城市规划需要反映出城市与其周边区域之间基本的动态的统一性，并且要明确地区与地区之间的功能关系。英国编制地方法定规划时，当地规划委员会都需与相邻地区委员会举行座谈会，以共同商议确定两个地区相邻区域的发展政策。由此，建议我国各地人民政府编制规划时注重与相邻地区的协调、合作，搭建起完善的区域协调合作机制。

5.2.3 规划编制体系借鉴

5.2.3.1 编制内容借鉴

(1) 总体规划中增加定量控制指引内容

现状的总体规划无法对下一层次的控制性详细规划的定量指标控制体系有

实际操作上的指导作用，可借鉴英国经验，在我国总体规划中增加密度分区等定量控制指引的内容。

（2）分区域编制不同深度规划内容

英国地方发展框架针对大范围的规划区只提出简练、概括的发展策略，针对近期需要进行快速投建的区域制定详细的实施区规划，大大提高了规划行政效率。我国总体规划和控制性详细规划的编制都可借鉴英国上述分区域编制不同深度的规划内容的方法。

（3）规划编制成果纳入实施性文件

英国地方发展框架将地方发展计划、社区参与陈述和年度监测报告等实施性文件纳入了规划成果，从而将单纯的规划文件和规划实施性文件结合在一起，增加了规划的操作性，建议我国城市规划的编制借鉴英国这种规划编制成果纳入实施性文件的方法。

（4）内容上技术性与政策性并重

借鉴英国地方发展框架偏于政策性宏观控制的经验，根据我国城市发展的需要，再结合我国总体规划和控制性详细规划的技术特征，将中英两国技术性和政策性特征融合在一起，可提高我国城市规划编制内容的灵活性。

（5）规划应着眼于创造一个综合与多功能环境

我国的城市规划多侧重于对城市规划分区的问题，集中考虑的多为城市土地利用问题，缺乏对社会、经济和环境问题的关注。过多地追求土地利用区划，过多地追求分区明确，却牺牲了城市的有机构成，英国城市规划体系在第三阶段——"二级"体系阶段诞生时，就曾对上一阶段——开发规划阶段做出了类似的批判。如今，我国也不应当把城市当作一系列相互独立的组成部分的拼凑，而必须努力去创造一个综合的、多功能的环境。

5.2.3.2 编制过程借鉴

（1）加强公众参与

我国的城市规划编制可借鉴英国地方发展框架编制过程中的多阶段且长时间的公众参与程序，提供更多公众参与宣传方式，建议总体规划的编制可采取较为简短、简易的公众参与方式，控制性详细规划应采取较为复杂但操作简易的方式。

(2) 引入可持续评估

英国现行地方发展框架编制过程的每个阶段都伴随着可持续性评估，以验证这些规划文件是否与可持续发展目标相一致。我国城市规划编制也可借鉴英国地方发展框架的编制与可持续评估切合的做法，引入可持续评估机制。

(3) 建立基于监测的动态更新机制

英国现行地方发展框架通过年度监测和定期回顾的方法，使得规划适应城市发展的快速变化，可以借鉴英国的监督和回顾经验，为我国城市规划体系建立一套基于监测的动态更新机制。

5.2.4 审批和执行体系借鉴

(1) 部分审批权下放

英国中央政府在1968年将规划审批权力下放至区级政府，区级政府有审批地方规划的权力，大大提升了规划行政效率。建议我国借鉴英国审批权力下放的经验，使得城市规划主管部门"抓大放小"，抓住重大项目审批权，把一些小型项目的审批权下放至分区规划主管部门，从而减缓市级规划主管部门的工作压力，提高规划行政效率。

(2) 完善规划监督

对规划主管部门的行政决策实行监督的一种有效方式，便是由当事人提出上诉。英国规划法规明确规定了对规划申请判决不服可提出上诉，并且有一系列完善的处理上诉的公开、透明的程序，建议我国借鉴英国规划上诉监督机制。

英国城市规划体系对中国城市规划体系的可鉴之处见表5-1。

表5-1 英国城市规划体系对中国城市规划体系的可鉴之处

英国城市规划体系		对中国城市规划体系的可鉴之处
规划法规体系	规划上诉法规	规划法规明确地规定规划上诉的内容，建立一套完善的处理此类上诉的公开、透明的程序，以加强对规划行政决策的监督
	规划赔偿法规	对规划赔偿有明确的规划法规进行规定，并且依法实施规划管理，建立完善的规划赔偿机制，以合理地解决我国在快速城市化进程中遇到的土地赔偿问题

续表 5-1

英国城市规划体系		对中国城市规划体系的可鉴之处
规划行政体系	"省管县"改革尝试	借鉴英国行政区划调整经验和海南、浙江改革尝试，建议我国部分省实行"省管县"模式改革，从而减少总体规划的编制层次，减少城市规划开支，提高规划行政效率
	部门合并与机构精简	我国中央政府可借鉴英国，进行有效的部门合并和行政机构精简的改革尝试，进而节省行政开支和提高行政效率
	加强相邻地区的区域协调合作	城市规划需反映出城市与其周边区域之间基本的动态的统一性，并且要明确地区与地区之间的功能关系。建议我国各地人民政府编制规划时注重与相邻地区的协调与合作，搭建起完善的区域协调合作机制
规划编制体系	总体规划中增加定量控制指引内容	现状的总体规划无法对下一层次的控制性详细规划的定量指标控制体系有实际的操作上的指导作用，可借鉴英国经验，建议在我国总体规划中增加密度分区等定量控制指引的内容
	分区域编制不同深度的规划内容	我国总体规划和控制性详细规划的编制可借鉴英国分区域编制不同深度的规划内容的方法，针对大范围的规划区只提出简练、概括的发展策略，针对近期需要进行快速投建的区域制定详细的实施区规划
	规划编制成果纳入实施性文件	建议我国城市规划的编制借鉴英国规划编制成果中纳入实施性文件的方法，将单纯的规划文件和地方发展计划、社区参与陈述和年度监测报告等实施性文件结合在一起，增加规划的操作性
	内容上技术性与政策性并重	借鉴英国地方发展框架偏于政策性宏观控制的经验，结合我国总体规划和控制性详细规划的技术特征，将中英两国技术性和政策性特征融合在一起，可提高我国规划编制的灵活性
	创造综合的、多功能的环境	不应当把城市当作一系列相互独立的组成部分的拼凑，而必须清楚认识城市的有机构成，努力去创造一个综合的、多功能的环境

续表 5-1

英国城市规划体系		对中国城市规划体系的可鉴之处
规划编制体系	编制过程 — 加强公众参与	可借鉴英国规划编制过程中的多阶段且长时间的公众参与程序，提供更多公众参与宣传方式，建议总体规划的编制采取较为简短、简易的公众参与方式，控制性详细规划应采取较为复杂，但操作简易的方式
	编制过程 — 引入可持续评估	我国城市规划编制可借鉴英国地方发展框架的编制与可持续评估相契合的做法，引入可持续评估机制
	编制过程 — 建立基于监测的动态更新机制	借鉴英国的监督和回顾经验，为我国城市规划体系建立一套基于监测的动态更新机制（年度监测和定期回顾），使规划能适应城市发展的快速变化
规划审批与执行体系	部分审批权下放	建议我国借鉴英国审批权力下放的经验，使得城市规划主管部门"抓大放小"，从而减缓市级规划主管部门的工作压力，提高规划行政效率
	完善规划监督	建议我国借鉴英国规划上诉监督机制，建立一套完善的处理上诉的公开、透明的程序，对规划主管部门的行政决策实行有效监督

第6章
哈尔滨市松北区城市规划管理新体系建立

传统的城市规划管理体系越来越不能适应高速的社会经济发展和快速城市化进程,已经严重影响了城市规划的贯彻和落实。在此形势下,必须建立一套新的城市规划管理体系,促进城市规划继续向前发展。本课题在对城市规划管理的基础理论研究的基础上,通过分析旧体系的问题,力求建立一套适合哈尔滨松北区城市规划管理的新体系。

6.1 城市规划管理基础

6.1.1 行政管理

行政管理是围绕执行公共权威而展开的活动,是国家的组织活动。它有两个方面的含义:一是政府管理外部各种公共事务的活动。二是政府为管理外部社会各项事务而开展的内部管理活动。

就城市规划而言,行政管理其实是确保其得以实施的重要工具,相应地,它也有两个方面的作用:一是政府按既定的城市规划对城市的各项建设进行管理,这就是管理外部事务的活动;二是城市规划机构内部自身的行政管理,即诸如机构的规划、组织的设立、人员的组成、职能的分工、部门间的监督检查等内部事务的管理活动。

6.1.2 城市规划管理

城市规划管理,又称城市规划行政管理,它是政府为了促进一定时期内城市经济、社会和环境的协调与可持续发展,组织制定未来城市空间发展的战略、布局和政策,并依法对城市发展土地的适用和各项建设的空间安排实施控制、引导和监督的行为管理活动。城市规划管理不仅是一项城市政府的行政职能，也是一种面向社会的管理活动。

城市规划管理结构框架示意见图6-1。

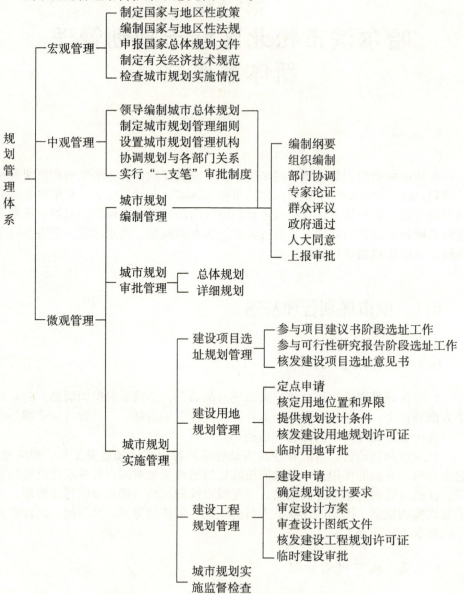

图6-1 城市规划管理结构框架示意

6.1.3 城市规划管理的工作内容

城市规划管理的工作内容包括以下方面：
第一，城市规划的组织编制管理。
第二，城市规划审批管理。
第三，城市规划实施管理。
第四，城市规划实施的监督检查管理。
具体见图 6-2。

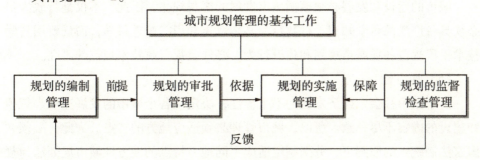

图 6-2 城市规划管理基本工作

6.1.4 城市规划管理的任务

第一，保障城市规划建设法律、法规的施行和政令的畅通。
　第二，保障城市综合功能的发挥，促进经济、社会和环境的协调与可持续发展。
　第三，保障城市各项建设纳入城市规划的轨道，促进城市规划的实施。
　第四，保障公共利益，维护相关方面的合法权益。

6.1.5 城市规划管理的特征

(1) 公益性
　城市规划管理必须反映公众的意志，维护公共的利益。世界上先进的国家和地区的城市规划，都充分考虑了公众参与的机制，使得城市规划真正地体现了各方利益的公平。所以，新的管理体系要通过法的形式，把反映社会公众利益的相关内容固定下来，使其成为城市规划管理的准则和依据。

(2) 综合性

城市是一个多功能、多层次、多因素、错综复杂的有机综合体。因此，城市规划管理必须运用系统的方法进行综合分析和管理，妥善协调有关问题。

(3) 政策性

城市规划管理作为政府的一项职能，要体现政府对社会、经济发展的意图。城市规划的制定和实施就是要执行和落实政府的各种政策。

(4) 科学性

城市的建设和发展必须遵循城市发展的客观规律，因此，不仅是行政人员必须具备广泛的科学知识，行政行为必须尊重知识、尊重科学，而且要用科学技术手段规范各项城市规划和建设行为，必须重视行政技术规范的研究。

(5) 地方性

由于城市社会、经济发展的不平衡性，决定了各个城市的发展速度、规模和建设的内容不尽一致。所以，城市管理必须适应地方的特点。为此，必须在国家法制统一的原则下，分别制定适应不同地方特点的地方性城市规划法律规范并作为依据实施管理。

6.1.6 城市规划的管理机制

(1) 决策机制

城市规划管理决策是整个管理体系中最重要、最基本、最普遍的管理行为，并具有针对性、现实性和优化性的特点，其成败关系到规划管理目标的实现和管理效能的发挥。因此，城市规划管理决策是规划管理过程的中心环节，是各级规划管理领导最主要的技能之一。

(2) 调控机制

城市规划的调控机制，就是管理系统对管理对象的控制，它表现为一系列的规划管理活动。城市规划管理调控是保证城市规划管理达到预期管理目标的重要手段之一，起着指导、弥补和监督城市规划的作用。

城市规划管理的调控，可分为微观、中观和宏观控制，并按激励、协调、民主和弹性的原则对城市规划进行管理。

（3）协同机制

城市规划的实施，需要各个部门的共同运作，才能促使城市建设按规划目标的具体落实。各部门之间的协作关系对建设项目按城市规划目标实施起着关键的作用。

完善协同机制，要解决好以下几个方面的协同管理：第一，省、市之间的协同管理。第二，规划与计划的协同管理。第三，规划与土地的协同管理。第四，规划与建设的系统管理。第五，规划与其他专业部门的协同管理。

（4）监督机制

城市规划管理的监督就是依法对城市的土地使用和各项建设活动实施城市规划的情况进行监督检查，查处违法建设，收集、综合、反映城市规划事实的信息。其基本方法包括跟踪检查、巡视检查、广泛宣传、社会监督和违法建设大检查。

（5）反馈机制

城市规划从编制、审批、实施管理到监督检查是一个封闭系统。这就要求城市规划管理必须建立反馈机制，才能不断提高管理水平。城市规划的反馈机制，主要包括三个方面的内容：第一，城市规划实施管理向城市规划编制与审批管理的反馈机制。第二，监督检查部门向城市规划编制与审批管理部门和核发"一书两证"部门的反馈机制。第三，城市测绘部门向规划管理部门的反馈机制。

6.2 国内城市规划管理体系

6.2.1 城市规划管理的现行体系

现行的城市规划管理体系，依其管理内容可以分为决策体系、执行体系、反馈体系和保障体系四个子系统。每个子系统都对应城市规划管理工作的不同阶段。决策体系主要是城市规划的组织编制和审批管理，执行体系主要是城市规划的实施管理，反馈体系主要是城市规划实施的监督检查管理，保障系统主要是城市规划法律规范的保障。具体关系见图6-3。

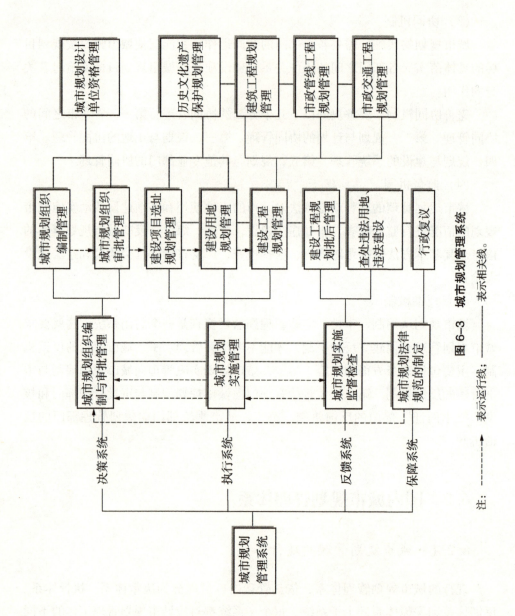

图 6-3 城市规划管理系统

注：------→ 表示运行线；——— 表示相关线。

因前文已对我国城市规划的编制、审批管理做了详细论述，这里不作赘述。本部分重点对城市规划实施管理进行详细论述。

6.2.2 城市规划实施管理

6.2.2.1 建设项目选址规划管理

（1）建设选址规划管理内容

建设选址规划管理的内容包括：选择建设用地地址；核定土地使用性质；核定容积率；核定建筑密度；核定土地使用其他规划设计要求。

（2）建设项目选址规划管理依据

建设项目选址规划管理的依据为：城市规划依据；法律、法规和方针政策依据；经济技术依据。

（3）建设项目选址规划管理程序

建设项目选址的申请分两种情况：①以行政划拨或征用土地方式取得土地使用权的，建设单位凭建设项目建议书等书面批准文件，向城市规划行政主管部门提出建设项目选址的申请。②以国有土地使用权有偿出让方式取得土地使用权的，城市政府土地管理部门根据城市土地出让计划，书面征询城市规划行政主管部门关于拟出让地块的规划意见和规划设计要求。

审核程序分两种情况：①以行政划拨或征用土地方式取得土地使用权的，一是对于尚无选址意向的建设项目，城市规划行政主管部门根据城市规划和土地现状条件选择建设地点，并核定土地使用规划要求；二是对于已有选址意向或改变原址土地使用性质的建设项目，城市规划行政主管部门根据城市规划予以确认，如经同意，则核定土地使用规划要求和规划设计要求。②以国有土地使用权有偿出让方式取得土地使用权的，一是确认出让地块是否符合城市规划，二是核定土地使用规划要求和规划设计要求。

核发程序分两种情况：①对于行政划拨或征用土地的，如经城市规划行政主管部门审核同意，则向建设单位核发建设项目选址意见书及其附件。②对于以国有土地使用权出让方式取得土地的，如经城市规划行政主管部门审核同意，则函复城市土地管理部门并附图，要求城市土地管理部门将其纳入国有土地使用权出让合同。具体见图6-4。

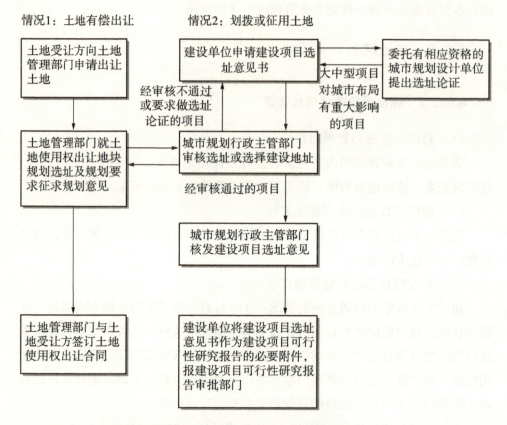

图6-4 建设项目选址规划管理

6.2.2.2 建设用地规划管理

（1）建设用地规划管理内容

建设用地规划管理的内容包括：①控制土地使用性质和土地使用强度。②确定建设用地范围。③调整城市用地布局。④核定土地使用其他规划管理要求。如建设用地内是否涉及规划道路，是否需要设置绿化隔离带等。

（2）建设用地规划管理依据

建设用地规划管理作为建设项目选址的后续管理过程，建设项目选址规划管理的依据和结果是其管理的依据。发改部门批准的建设项目可行性研究报告等计划文件也是建设用地规划管理的重要依据。

（3）建设用地规划管理程序

根据土地使用权的取得方式，申请程序分为两种情况：①以行政划拨或征用土地方式取得土地使用权的，一是建设单位在取得城市规划行政主管部门核发的建设项目选址意见书后规定时间内，如建设项目可行性研究报告获得批准，建设单位可向城市规划行政主管部门送审建设工程设计方案；二是设计方案批准后申请建设用地规划许可证。②以国有土地使用权出让方式取得土地的，土地使用权受让人在签订国有《土地使用权有偿出让合同》、申请办理中国法人的登记注册手续、申领企业批准证书后，可正式委托项目经营法人向城市规划行政主管部门申请建设用地规划许可证。

城市规划行政主管部门分两种情况审核：①以行政划拨或征用土地取得土地使用权的，对应上述申请程序，一是审核送审的建设工程设计方案；二是审核建设单位申请建设用地规划许可证的各项文件、资料、图纸是否完备。②以国有土地使用权有偿出让方式取得土地的，因其建设用地范围已经明确并经城市规划行政主管部门确认，主要是审核各项申请条件、资料是否完备。

经城市规划行政主管部门审核同意，向建设单位核发建设用地规划许可证及其附件。

以上建设用地规划管理程序见图6-5。

6.2.2.3 建筑工程规划管理

（1）建筑工程规划管理内容

建筑工程规划管理的内容包括：①建筑物使用性质、容积率、建筑密度、建筑高度、建筑间距、建筑退让、绿地率、基地出入口、停车和交通组织、基地标高、各类公建用地指标和无障碍设施的控制。②建筑环境的管理。③综合有关专业管理部门的意见。

（2）建筑工程规划管理依据

建筑工程规划管理的依据包括：城市规划依据、法律、法规及方针政策依据及技术规范与标准依据。

（3）建筑工程规划管理程序

申请程序分为以下三种情况：①在原使用基地上建设且不改变土地使用性质的建筑工程。一般需经过下列管理程序：一是建设单位申请建筑工程规划设计要求并据以委托设计；二是建设单位将建筑设计方案送审；三是建筑设计方案审定后，建设单位申请建设工程规划许可证。②需要划拨、征用土地或原址改建需要改变原有土地使用性质的建筑工程。首先应经过建设用地规划管理程序获得建设用地规划许可证。在此基础上进入建筑工程规划管理程序。③土地使用权有偿出让地块上的建筑工程：一是建设单位将建筑设计方案送审；二是设计方案审定后，建设单位申请建设工程规划许可证。

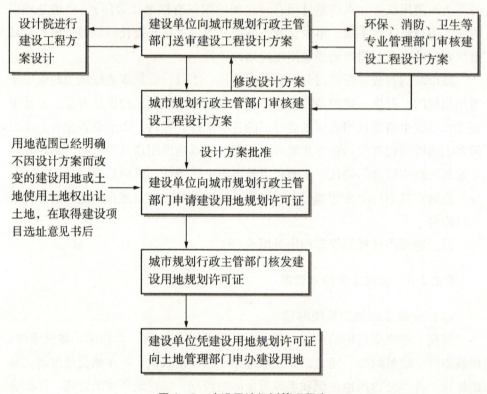

图6-5　建设用地规划管理程序

城市规划行政主管部门应对应于上述申请程序，一是提出建筑工程规划设计要求；二是审核建筑设计方案；三是审理建筑工程的建设工程规划许可证。对前两者，分别给予书面批复。对于需要修改的建筑设计方案，要求其修改后送审，直至审定。经城市规划行政主管部门审核同意的，核发建设工程规划许可证。具体见图6-6。

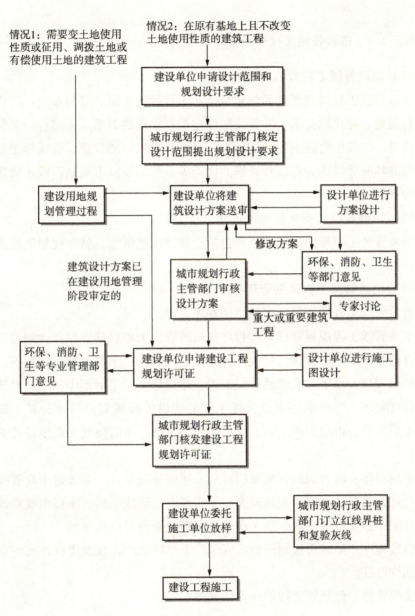

图 6-6 建筑工程规划管理的一般程序

6.2.2.4　市政管线工程规划管理

（1）市政管线工程规划管理内容

市政管线工程规划管理的内容包括：①管线的平面、竖向布置。②管线敷设与行道树、绿化的关系。③管线敷设与市容景观的关系。④综合相关管理部门的意见。⑤其他管理内容。例如雨、污水管排水口的设置、管线施工期间过渡使用的临时管线的安排以及管线共同沟等，都需要城市规划行政主管部门协调、控制。

（2）市政管线工程规划管理依据

市政管线工程规划管理的依据包括：法律规范依据、城市规划依据及技术依据。

（3）市政管线工程规划管理程序

市政管线工程规划管理事前协调程序。

市政管线工程规划管理审理程序。市政管线工程规划管理在计划综合和管线综合的基础上，方可进行管线工程规划审理工作，主要审理程序如下：

申请程序：对于一般市政管线工程，建设单位的申请程序，一是申请管线工程设计要求，二是申请市政管线工程的建设工程规划许可证。对于规模较大、矛盾复杂的市政管线工程，在上述程序之间，还需要增加送审设计方案的程序。

审核程序：城市规划行政部门针对上述申请程序，一是核定市政管线工程规划设计要求；二是对于规模较大、矛盾复杂的管线工程，审核市政管线工程设计方案；三是审核市政管线工程建设工程规划许可证的申请。

核发程序：经城市规划行政主管部门审核同意的，核发市政管线的建设工程规划许可证。

市政管线工程规划管理程序具体见图 6-7。

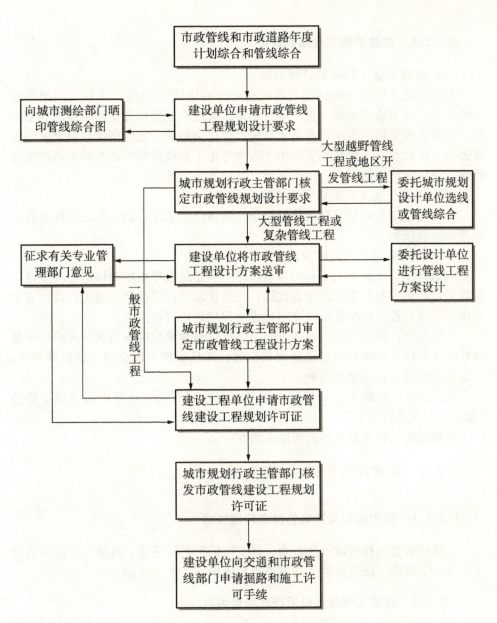

图6-7 市政管线工程规划管理程序

6.2.2.5 市政交通工程规划管理

(1) 市政交通工程规划管理内容

市政交通工程规划管理的内容包括：地面道路（公路）工程、高架市政交通工程、地下轨道交通工程、城市桥梁、隧道、立交桥等交通工程的规划控制。部分市政交通工程项目在施工期间，往往会影响一定范围的城市交通的正常通行，因此在其工程规划管理中还需要考虑工程建设期间的临时交通设施建设和交通管理措施的安排，以保证城市交通的正常运行。

(2) 市政交通工程规划管理依据

市政交通工程规划管理的依据包括：法律规范依据、城市规划依据及技术规范和标准依据。

(3) 市政交通工程规划管理程序

申请程序：市政交通工程的申请程序，一是建设单位申请核定市政交通工程规划设计要求和划定道路规划红线；二是建设单位将市政交通工程设计方案送审；三是建设单位申请市政交通建设工程规划许可证。

审核程序：城市规划行政主管部门应针对建设单位的申请进行审核：一是在核定规划设计要求和划定道路规划红线；二是审核市政交通工程设计方案；三是审理建设工程规划许可证。

核发程序：经城市规划行政主管部门审核同意的，核发市政交通工程的"建设工程规划许可证"。

市政交通工程规划管理的程序见图 6-8。

6.2.3 城市规划实施的监督检查

6.2.3.1 城市规划实施监督检查管理依据

监督检查是一种行政执法行为，其工作依据必须完备、可靠、合法。依据主要有：①法律、法规依据。②城市规划依据。③事实依据。

6.2.3.2 建设工程规划批后行政检查内容

(1) 道路规划红线订界

城市规划行政主管部门订立道路红线界桩，或委托城市测绘部门订界。

(2) 复验灰线

复验灰线主要针对建筑工程，应检查以下内容：检查建筑工程施工现场是否悬挂建设工程规划许可证；检查建筑工程总平面放样是否符合建设工程规划许可证核准的图纸；检查建筑工程基础的外沿与道路规划红线、与相邻建筑物外墙、与建设用地边界的距离；检查建筑工程外墙长、宽尺寸；查看基地周围环境及有无架空高压电线等对建筑工程施工有相应要求的情况。

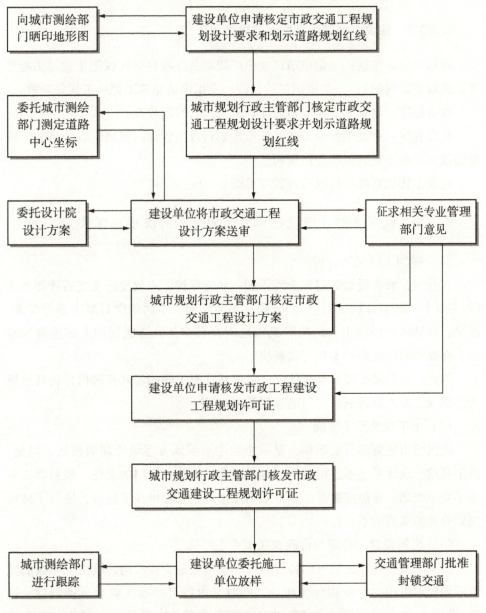

图 6-8　市政交通工程规划管理程序

(3) 建设工程竣工规划验收

建设工程竣工规划验收的内容包括：①建筑工程竣工规划验收。②市政管线工程竣工规划验收。③市政交通工程竣工规划验收。

6.2.3.3 建设工程规划批后行政检查程序

申请程序，包括：一是申请订立道路规划灰红线界桩（仅限于建设工程涉及道路规划红线的）；二是申请复验灰线；三是申请建筑工程竣工规划验收。

检查程序：对照于上述申请程序，分别进行行政检查。

核发程序：建设工程竣工并经城市规划行政主管部门规划验收合格的，核发建设工程竣工规划验收合格证明。

建设工程规划批后行政检查程序见图 6-9。

6.2.4 城市规划管理现行体系的问题和解决途径探索

(1) 横向上的交叉管理

在我国，城市规划部门和土地管理、环境保护、市政设施及交通管理等部门都是同一级的行政机构，它们分别从不同层面、不同角度对城市进行管理。但是，在具体的操作上，机构和机构之间存在交叉，造成管理上的重叠和空白，存在的问题长期得不到有效解决。

因此，新的城市规划管理体系，可以从法制上明确规划管理机构和其他机构的职权，并严格控制各部门的越权管理。

(2) 上下级关系不明确

我国城市规划的行政架构，是一个由中央到地方逐级管理的模式。但是，由于我国行政体系还不是很健全，各级城市规划管理部门的责任、权利和义务还不是很明确，在很多地方，上下级的城市规划管理出现了脱节，导致了城市规划管理的实施的不到位。

(3) 机构设置不合理与行政隶属关系不明确

在我国，一些特大城市的各行政区的城市规划管理机构，既由上一级的城市规划管理机构的专业领导或指导，同时又由各自行政区政府直接领导。这样，事实上就出现了两个上级，当这"两个上级"的意见不一致时，就会使

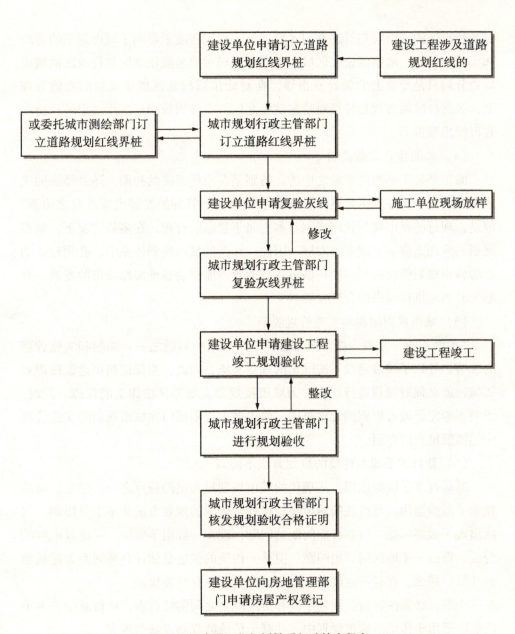

图6-9 建设工程规划批后行政检查程序

得各行政区的城市规划管理部门无所适从，很大程度上影响了城市规划的管理和实施。例如，哈尔滨松北区城市规划管理局对哈尔滨松北区各行政区的城市规划分局只是专业上的领导或指导，在对哈尔滨松北区城市规划的实施管理上，各行政区城市规划分局对哈尔滨松北区城市规划管理局所作决定的执行就有可能出现偏差。

（4）未能建立动态机制

城市是处于不断的发展之中的，特别是在市场经济的初期，随着经济的飞速发展，城市的发展更是迅速，这要求城市规划管理的发展也应该与之协调。但是，现行的城市规划管理机制基本上属于静态的管理，在多数情况下，城市规划的管理适应不了城市的发展。因此，在新的城市规划体系中，必须建立动态的城市规划管理机制，使得城市规划的管理能够动态地跟踪城市的发展，并不失时机地推动城市的合理发展。

（5）城市规划编制和实施管理脱节

"编而不施"是现今城市规划管理中最突出的问题之一。编制和实施管理的脱节，导致了城市建设不按既定的规划实施。因此，要保证城市建设按规划实施，就必须对规划进行立法，为城市按规划实施提供法律上的保障。同时，还要不断完善城市规划的管理机构，使得城市规划部门在城市规划的实施管理中起监督检查的作用。

（6）新技术手段与传统的规划方法不协调

对新技术手段的运用，是现代的城市规划最突出的特点之一。但是，新的技术手段的运用，与传统的城市规划模式、传统的规划方法并不十分协调，因此出现了很多问题。譬如日照间距的问题，现在一般用竿影法，并通过电脑的合成，得出一个地区的日照间距；但是，传统的做法是估计日照间距为建筑物的几倍。那么，在对一地区日照间距的确定上就存在差异。

今后，必须探讨新的规划手段和传统规划之间的结合点，使得新的技术手段能够运用于传统的城市规划中，并赋予传统的规划以新的内容。

（7）城市规划编制、审批、执行的职能未完全分离

哈尔滨松北区现行的城市规划管理体系中，规划的编制、审批与执行都还是由哈尔滨松北区城市规划局负责，城市规划的职能并没有实现真正的分离。在将要建立的城市规划管理的新体系中，必须将城市规划的这些职能加以分

离，城市规划的编制、审批、执行、监督等分别由不同的规划机构或部门进行，充分地体现城市规划管理的公开性、公平性和公正性。

6.3 英国城市规划管理的监测机制

英国的城市规划体系是世界上最成熟、完善的规划体系之一，在其长期的发展完善过程中，逐步摸索出一套成熟的城市规划动态监测机制。英国的城市规划动态监测工作方法、技术路线、监督软件系统以及对于监管工作重点、难点的把握和处理经验，为我国建设城市规划监管系统提供了宝贵经验。

由英国副首相办公室印发的《地方发展框架的监测：一个好的实践指引》就地方发展框架的监测机制做了详细介绍。本文参考这本册子，对英国城市规划体系的新变化做简要介绍，重点对地方发展框架的监测机制做分析，以期对提高我国的城市规划管理水平有所启示。

6.3.1 监测的意义和不同层面

实施监测的目的是了解现在的状况和未来可能发生的变化，将监测结果与现行的规划政策相对照，有利于规划部门的决策。监测有利于形成循环式的决策过程，及时反馈政策绩效及周围环境的信息，为规划管理部门确定未来可能面对的挑战并适时调整政策以满足未来需求提供指引。在新的规划体系中，可持续发展和建设可持续社区是规划的核心目标，监测是实现这一目标的手段之一。新规划管理体系的重要特征之一就是它能够灵活应对环境和发展形势的变化，监测在这一过程中担当了重要的角色。在过去，监测只是作为用地规划过程中纠正错误和消极反馈的手段，然而地方发展框架的监测机制是积极的、面向未来的，它通过确定关键性的挑战、机遇和可能的发展路线，不断修订和调整空间规划政策。

英国新城市规划体系非常重视监测的作用，国家规划政策、区域规划策略、地方发展框架等各个层面的规划制定和实施过程都必须进行相应的监测。地方发展框架的监测处于广泛的政策背景下，这些政策之间的关系是错综复杂的，因此采取一种纵向、横向分行再交叉的监测机制就十分必要，内容丰富翔实的各类数据库是监测机制有效实施的基础。（见图 6 – 10）地方发展框架的监测主要包括发展规划文件制定过程的监测和常规性的对地方发展框架实施的年度监测。

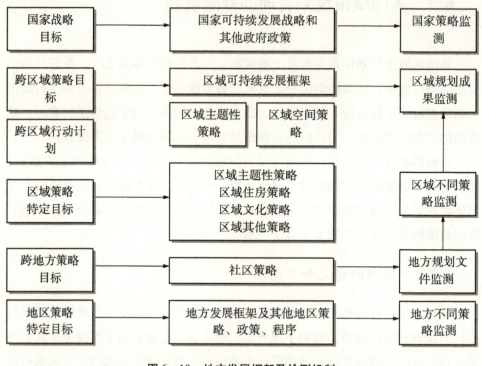

图 6 – 10　地方发展框架及检测机制

6.3.2　地方发展框架制定过程监测

监测与回顾对于成功地完成地方发展框架的目标十分关键，它们有助于当局不断完善基础数据库，当局必须集中人力、物力促进数据库的建设。图 6 – 11 表明了在发展规划文件制定过程的各个阶段如何实施有效的监测及各个阶段的监测与可持续性评估之间的关系。

在前期准备阶段，地方规划当局主要进行与发展规划文件有关的基础信息数据库的建设，确定地区的社会、生态环境和经济状况的基线标准，收集现状调查资料（包括国家、区域发展策略及地方的其他策略和行动）。需要调查的

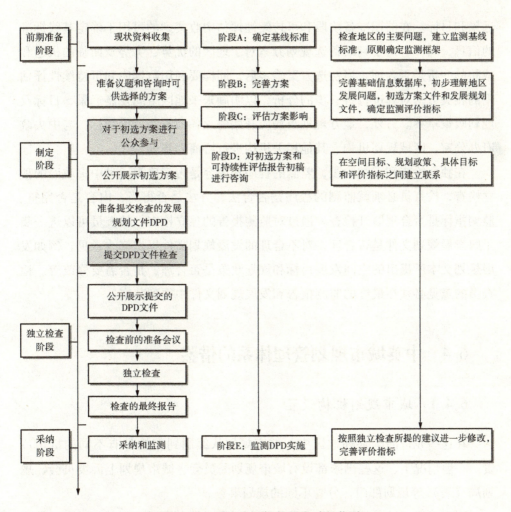

图 6-11　地方发展框架制定过程监测

主要数据有：地区主要的社会、生态环境和经济特征，地区的用地状况，地区人口总量、构成和分布状况，地区的通信系统、交通系统状况及其他需考虑的因素等。调查的内容取决于发展规划文件的需要。在这一阶段，还需确定监测的主要原则和框架，要明确基础信息数据库中已有的数据能否支撑监测框架，明确数据之间的不匹配情况并设法解决，明确监测框架的目标、年度监测报告的内容、时间跨度等。

在制定阶段，地方规划当局必须利用数据库中的相关数据进行分析，以确定未来地区发展中面临的主要问题和可供选择的规划方案，提出地区空间发展远景和目标。在前期准备阶段和可持续性评估中收集到的可用于确定基线标准的信息，同样有助于判断备选规划方案对于地区的优势、劣势及面临的机遇和威胁的分析是否合理。当初选方案确定后，同样要利用数据库和可持续性评估中的相关数据对其进行进一步的分析，以明确未来地区空间发展远景、目标及规划政策草案。另外，地方规划当局应开始建立各项监测评价指标，与中央政府办公室、区域规划机构、其他相关机构进行协商和咨询。

在独立检查和采纳阶段，监测的程序和内容是否正确需通过中央政府的独立检查，检查员必须就监测的程序是否合法、方法是否得当、内容是否完整、监测指标是否合理展开检查。通过对监测报告的独立检查，检查员可以进一步了解发展规划文件是否合理，对不合理的发展规划文件提出修改意见，例如发展规划文本所提出的空间发展目标和规划政策是否合理、是否需要修改等。检查员的意见必须在最终的监测报告和发展规划文件中得到落实。

6.4 中英城市规划管理体系的借鉴

6.4.1 城市规划机构设置

在这些先进的国家和地区中，城市规划从编制到实施都有不同的机构负责。一般情况下，这些国家都设有城市规划委员会、城市规划上诉委员会、规划局（署）等规划部门，分管不同的规划事务。

而在我国，城市规划的各项工作基本上都还是由规划局负责，只有少数几个城市建立了城市规划委员会。今后，在松北区可以考虑建立城市规划委员会和城市规划上诉委员会。城市规划委员会的委员由政府官员、社会人士组成，主要负责城市规划的组织编制、城市规划的审议、城市规划的实施监督等。城市规划上诉委员会则主要处理对规划委员会或规划局所作决定提出的上诉，其委员一般由社会人士担当，但不能与城市规划委员会的委员相同。城市规划上诉委员会所做的判决为最终判决，不需要经规划委员会的审议通过。在新的规划行政体系中，城市规划的实施部门仍是规划局，规划许可证由规划局来颁发，规划局享有在遵循法定规划下的自由裁量权。至于规划的审批机制，可以考虑在现在审批机制的基础上加入地方人民代表大会审批这一步,使地方人大也能参与到规划中来。

6.4.2 城市规划立法

《中华人民共和国城乡规划法》于 2008 年 1 月 1 日起施行,替代原有的《中华人民共和国城市规划法》,标志着我国城乡规划步入一体化的新时代,也意味着我国城市规划法制正逐渐走向成熟。

对城市规划立法是中英两国(或地区)均采用的办法。其目的是要为城市规划的实施提供法律上的保障。

我国的城市现在已开始了城市规划立法,并建立起一套从规划立法、规划审批到规划执行的体系。今后,随着依法治国方针的贯彻和深化,必将会有越来越多的城市进行规划立法,我国的城市规划也会越来越朝法制化、制度化的方向发展。

6.4.3 对行政权力的监督制约机制

《城乡规划法》中加强了监督检查的内容,旨在制约规划行政的自由裁量权。在《城乡规划法》35 条新增条款中,20 条是与监督检查有关的。新增的两个独立章节,其中之一就是监督检查,其中包括了上级行政部门对下级行政部门的监督、人民代表大会的监督以及全社会的公众监督。上级对下级的监督是全面的监督;人大监督的重点是规划的实施与修改;社会监督的重点是违反规划的行为。这些监督制约机制将对行政权力起到有效的制约作用。

在松北区城市规划管理新体系中,需要加强监督检查机制的建立,加强对城市规划行政自由裁量权的制约,旨在形成一套合理、合法并且办事效率高的城市规划管理新机制。

6.4.4 公众参与机制

《城乡规划法》强调城乡规划全过程的公众参与,将公众参与纳入规划制定和修改的程序,提出了规划公开的原则规定,确立了公众的知情权作为基本权利,明确了公众表达意见的途径,并对违反公众参与原则的行为进行处罚。

根据《城乡规划法》，城乡规划报批前应向社会公告，且公告时间不得少于 30 天。

与规划立法一样，公众参与同样是城市规划体系的一个发展趋势。公众参与的目的，是为了维护城市规划的民主性和公平性。因为，在市场经济的条件下，规划也可以看作政府对各方利益的一种协调。既然是协调，就不能只是政府的事，而应该经过多方共同提议和商讨。政府作为利益的一方，也不能只顾全自身的利益，要同开发商、市民等进行商讨和协调。

世界上大多数的先进国家和地区一直以来实行的是市场经济体制，公众参与一直是这些国家和地区城市规划体系中不可或缺的一环，它们在长期的实践中积累了大量的经验。譬如在公众参与的步骤、公众参与的组织形式、公众建议的审议、公众意见的采纳和回复方面，就有很多值得我们学习的地方。

松北区要进行城市规划体系的改革和创新，就必须借鉴这些经验，将公众参与机制真正运用到城市规划当中。

6.4.5 城市规划的监测机制

（1）利用监测手段及时反馈规划政策绩效和环境信息

我国试行的城市规划动态监测只是作为总体规划过程中纠正错误和消极反馈的手段，而英国地方发展框架的监测机制是积极的、面向未来的，通过监测及时反馈规划政策绩效及周围环境的信息，为规划管理部门确定未来可能面对的挑战、机遇，并适时调整政策以满足未来需求提供指引，有利于形成循环式的决策过程。

在松北区城市规划管理新体系中，其监测机制也应该是积极的、面向未来的，能及时反馈信息并可做出适时调整。

（2）实行多层面监测

在英国的发展过程中，国家规划政策、区域规划策略、地方发展框架等各个层面的规划制定和实施过程都必须进行相应的监测，采取纵向、横向分行再交叉的监测机制将不同层面的规划有机联系起来。

借鉴英国城市规划的发展经验，在松北区城市规划管理新体系中，也应该实行多层面的监测，采取纵向、横向分行再交叉的监测机制。

(3) 重视规划制定过程监测

在英国，发展规划文件和补充规划文件的制定过程都必须进行监测，这种监测可以保证规划制定程序的合法性和正确性，特别是确保了地方规划管理部门负责制定的规划文件有效贯彻中央政府的规划政策，遵循可持续发展的原则。

松北区城市规划管理新体系的建立，可以参考英国地方发展框架的监测机制，重视规划制定过程的监测。

(4) 重视常规性的年度监测

在英国，《规划与强制性收购法》（2004年）规定地方规划当局要对地方发展框架进行常规性的年度监测，总结地方的年度社会、环境、经济问题和变化情况，回顾地方发展计划中所列各项规划任务的完成情况，评估地方发展文件中提出的规划政策的实施情况，评估地方发展文件中提出的规划政策实施后产生的重要影响。这种常规性的、动态的监测系统有助于当局及时了解环境信息、评估规划政策是否需要进行修订，体现了"规划—监测—管理"的理念。

借鉴这种常规性的、动态的监测系统，将有助于松北区规划管理部门更高效率地运行。

(5) 建立完善的监测评价指标体系

英国的城市规划动态监测机制以目标为导向，遵循确定定性目标—确定具体目标额—确定监测评价指标的路线，逐渐由定性向定量发展，建立起具有较强系统性、可操作性的监测评价指标体系。

借鉴英国的经验，松北区城市规划管理新体系也可以建立起一套具有较强系统性和可操作性的监测评价指标体系。

(6) 确立城市规划动态监测的法定地位和完善的监测制度

在英国，《规划与强制性收购法》正式确立了城市规划动态监测的法定地位，使这项工作有法可依；《地方发展框架的监测：一个好的实践指引》以规划指引的方式对监管工作的业务内容、职责分工、业务流程、监督对象、指标体系、审核标准、信息标准、组织机构等做了详细的规定。目前我国关于城市规划监管工作的具体要求分散在许多文件和制度中，还没有形成与本项工作相匹配的行政管理制度，不利于监管工作的有序进行，因此，参照英国的做法，建立和完善行政监管基本制度是开展监管工作的当务之急。

对照我国大部分城市规划监管工作的实践，借鉴英国较成功的经验，根据《城乡规划法》的精神，松北区城市规划管理新体系需要确立城市规划动态监测的法定地位，需要完善行政监管基本制度。

6.5 松北区城市规划管理新体系建立

6.5.1 松北区城市规划管理新体系建立基本原则

新体系是在分析旧体系问题的基础上建立起来的，新体系必须体现以下原则：

（1）公众参与原则

以人为本是人文主义的基本特征，也是现代城市规划最根本的出发点，在对城市规划的管理上，必须充分地体现这一原则。而新的体系要体现这一原则，就必须真正关怀人的发展，从人们的需要出发，建立合理可行的公众参与机制。

（2）对行政权力监督制约的原则

对行政权力的监督制约，包括了上级对下级的监督、人民代表大会的监督以及全社会的公众监督。上级对下级的监督是全面的监督；人大监督的重点是规划的实施与修改；社会监督的重点是违反规划的行为。这些监督制约机制旨在加强监督检查的力度，制约规划行政的自由裁量权。

（3）与当地实际相结合的原则

每个城市都有自身独特的自然和社会环境。自然环境包括地理位置、气候、植被、土壤、矿产等；社会环境包括地方的历史文化背景、政治体制、经济发展状况、政策、法律法规体制等。这些都是这个城市区别于其他城市的标志。因此，在城市规划管理新体系的建立上，就不能照搬照抄其他城市的管理体系，必须在立足本地的基础上，借鉴先进的城市规划管理经验，才能建立起适合本城市的、真正可行的城市规划管理体系。

（4）依法管理和适度灵活相结合的原则

英国的城市规划在不同的层次上进行了规划立法，依法对城市进行管理。

我国的很多城市现在也开始了规划立法的尝试，并探索建立新的城市规划管理体系。新的体系，必须对城市规划的内容法制化，将城市规划的内容变成可执行的法律法规条文，并通过专门的机构监督其实施。当然，在依法管理的大前提下，对城市规划的管理也必须有一定的灵活性，特别是在一些细节上，法规不宜规定得太死，要适当留点空间，给出一定的自由性。

（5）先进管理技术和传统管理方法相结合的原则

随着科技的发展，特别是信息技术的发展，遥感、地理信息系统、全球定位系统等新技术不断被运用于地理和规划学界。在城市规划管理新体系的建立上，必须运用先进的技术，并不断更新原有的技术，以适应新形势的需要；同时，也不能忽略老的传统的管理经验和方法，要把新的技术运用于这些传统的方法中，赋予旧的管理方法以新的内容。

（6）可持续发展原则

可持续发展的原则要求城市在经济和环境两个方面都得到发展和更新。新的城市规划管理的体系，不能只注重城市经济的发展，以环境的代价来换取经济的高速增长；也不能只讲保护环境，对发展城市的经济畏首畏尾、裹足不前。新的体系，必须把两个方面结合起来，促进城市综合竞争力的提高和人民生活水平的改善。

6.5.2 松北区城市规划管理新体系选择

通过对中英先进城市规划管理体系的研究，对照松北区城市规划管理体系的现状，并综合考虑松北区的社会经济基础和政府法制情况，笔者提出松北区城市规划管理新体系的两套方案：方案甲和方案乙。

（1）方案甲

方案甲是在法制体系健全的情况下实施的城市规划管理体系。在这一体系中，对城市规划编制立法、行政实施和监督上诉的职权进行分离，规划立法、行政实施和监督上诉分别由城市规划委员会、城市规划局和城市规划监督与复议委员会负责。城市规划各管理机构的职权在法律上予以规定。

（2）方案乙

方案乙是在法制体系还不很健全的情况下实施的城市规划管理体系。在这一体系中,城市规划的编制立法和上诉都由城市规划委员会负责,城市规划的行政实施则由城市规划局负责,不设立城市规划监督与复议委员会。整个城市规划管理体系的运作过程受人大的监督。

6.5.3 松北区城市规划管理新体系行政架构

松北区城市规划管理新体系的行政架构如图6-12所示。

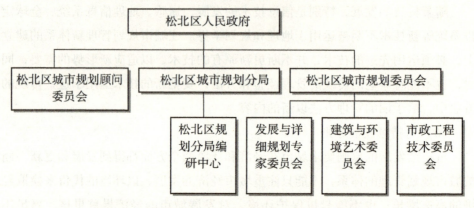

图6-12 松北区城市规划管理新体系的行政架构

松北区城市规划管理新的行政架构体系,与旧的体系相比,增加了城市规划委员会、城市规划顾问委员会这两个城市规划部门。在行政级别上,城市规划委员会、城市规划顾问委员会、城市规划局为同级的城市规划部门。城市规划委员会、城市规划顾问委员会、城市规划局为松北区政府的下属机关,由松北区政府领导。

(1)城市规划委员会

城市规划委员会主要负责组织编制城市规划,审议规划管理单元和规划申请,对公众的反对意见进行考虑,并监督城市规划的实施。

城市规划委员会的委员由公务人员和非公务人员组成,总数为31人,其中公务人员15人,非公务人员16人。委员会设主任委员1名,副主任委员2名。15名非公务人员委员由具有本市户籍的有关专家和社会人士组成。

城市规划委员会下设三个委员会,分别是发展与详细规划专家委员会、建筑与环境艺术委员会、市政工程技术委员会,三个委员会由秘书处进行协调。秘书处设秘书长一名。

城市规划委员会是市政府的下级机关,对市政府负责,并受其监督。

(2) 城市规划顾问委员会

城市规划顾问委员会主要是为城市规划委员会和城市规划监督与复议委员会提供技术支持,解决城市规划委员会和城市规划监督与复议委员会在审议和执行过程中遇到的技术问题,其委员由城市规划管理的专家或长期从事城市规划管理的工作人员组成。

(3) 松北区城市规划局

松北区城市规划管理的新体系中,城市规划局仍然作为城市规划的执行机构,下设办事、咨询和研究机构。规划局的机构设置,与现行规划局的大体相同,其下属行政架构如图6-13所示。

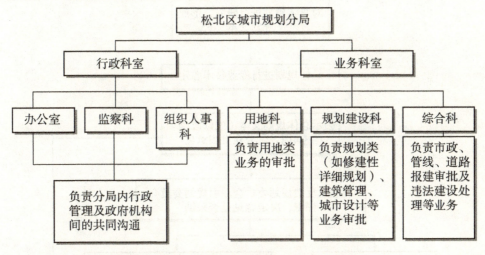

图6-13 松北区城市规划分局行政架构示意

6.5.4 松北区城市规划管理新体系编制体系

(1) 总体规划的编制程序(方案甲、乙相同)

松北区城市总体规划编制新体系(方案甲、乙)见图6-14。

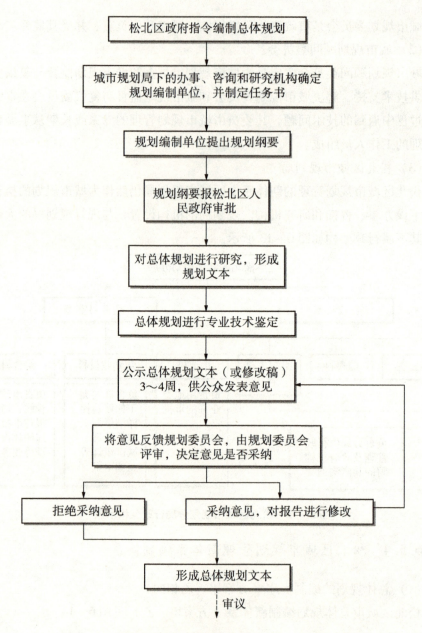

图 6-14 松北区城市总体规划编制新体系（方案甲、乙）

(2) 详细规划的编制程序（方案甲、乙相同）

松北区城市详细规划编制新体系（方案甲、乙）见图 6-15。

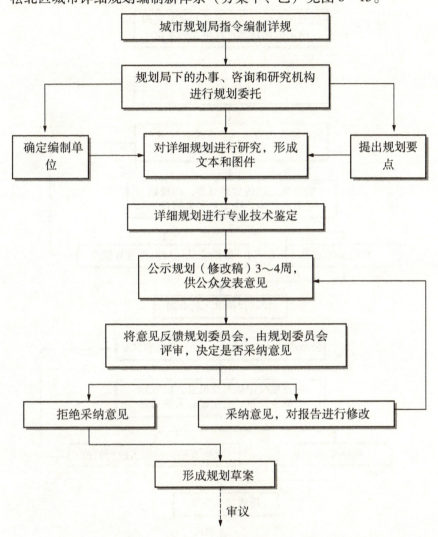

图 6-15　松北区城市详细规划编制新体系（方案甲、乙）

(3) 规划管理单元编制程序（方案甲、乙相同）

松北区规划管理单元编制新体系（方案甲、乙）见图 6-16。

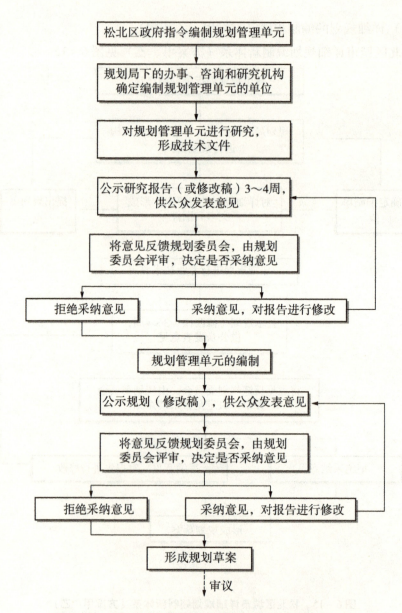

图6-16 松北区规划管理单元编制新体系（方案甲、乙）

6.5.5 松北区城市规划管理新体系审批体系

(1) 总体规划审批体系（方案甲、乙相同）

松北区城市总体规划的审批新体系（方案甲、乙）见图6-17。

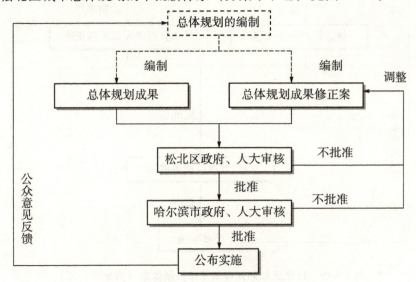

图6-17 松北区城市总体规划的审批新体系（方案甲、乙）

(2) 详细规划审批体系（方案甲、乙相同）

松北区城市详细规划的审批新体系（方案甲、乙）见图6-18。

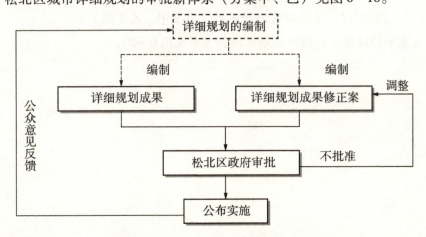

图6-18 松北区城市详细规划的审批新体系（方案甲、乙）

(3) 规划管理单元审批体系 (方案甲、乙相同)

松北区规划管理单元审批新体系 (方案甲、乙) 见图 6-19。

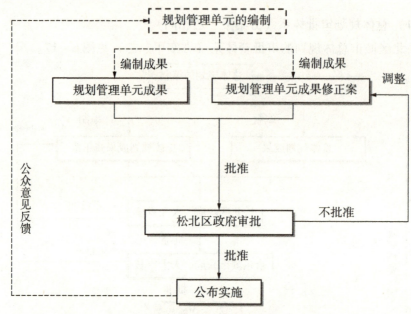

图 6-19 松北区规划管理单元审批新体系 (方案甲、乙)

6.5.6 松北区城市规划管理新体系实施体系

(1) 建设项目选址规划管理新体系 (方案甲、乙不同)

方案甲的建设项目选址规划管理新体系见图 6-20。

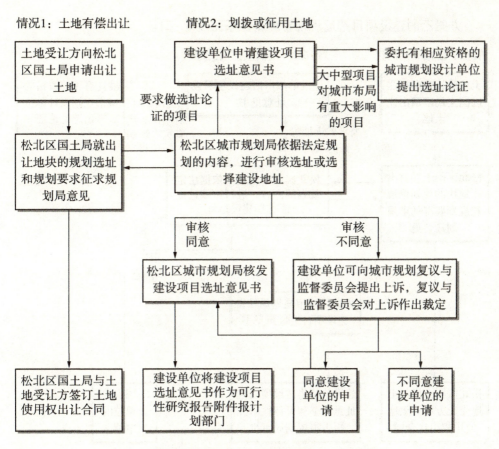

图 6-20　建设项目选址规划管理新体系（方案甲）

方案乙的建设项目选址规划管理新体系见图6-21。

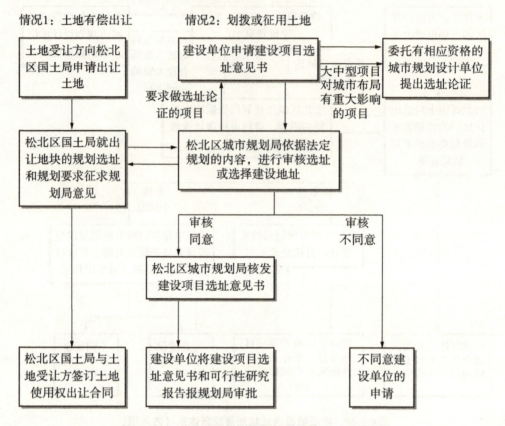

图6-21 建设项目选址规划管理新体系（方案乙）

(2) 建设用地规划管理新体系（方案甲、乙不同）

方案甲的建设用地规划管理新体系见图6-22。

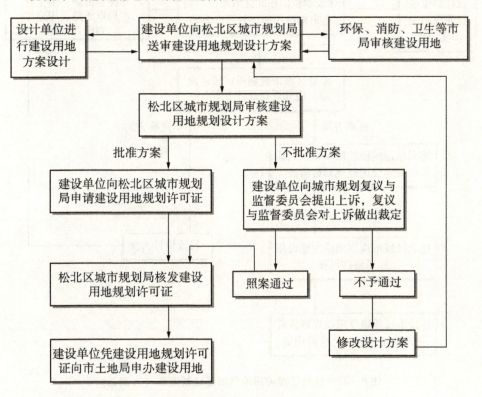

图6-22 松北区建设用地规划管理新体系（方案甲）

方案乙的建设用地规划管理新体系见图 6-23。

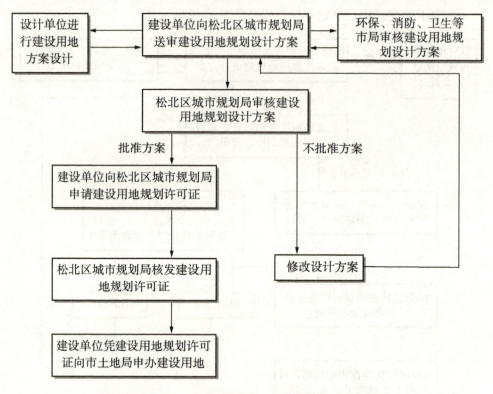

图 6-23 松北区建设用地规划管理新体系（方案乙）

(3) 建筑工程规划管理新体系（方案甲、乙相同）

松北区建筑工程规划管理新体系见图 6-24。

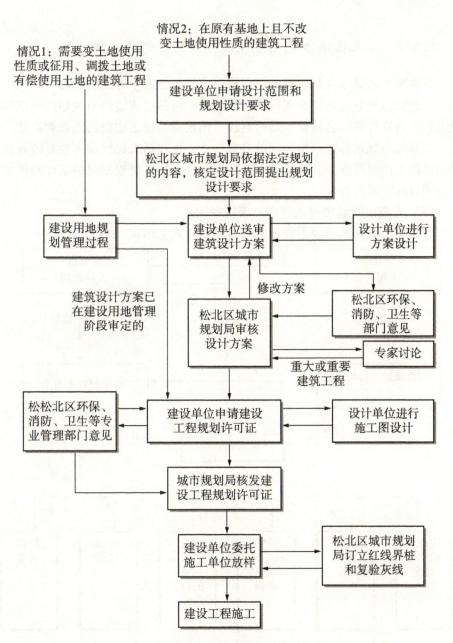

图 6-24 松北区建筑工程规划管理新体系（方案甲、乙）

6.5.7 松北区城市规划管理新体系的监督检查体系

新体系下对城市规划管理的监督检查主要包括两个方面的内容：

一是城市规划局对建设项目的监督检查，包括对建设用地规划许可证和建设工程规划许可证的合法性、是否有违法用地或是违法建设的检查和查处。

二是城市规划各管理机构间的监督检查，也包括人民代表大会对政府各个规划机构工作的检查。并且，各个规划机构也通过监督规划局的工作间接监督建设项目的监督检查。

（1）方案甲的城市规划管理监督检查体系

方案甲松北区城市规划管理监督检查新体系见图6-25。

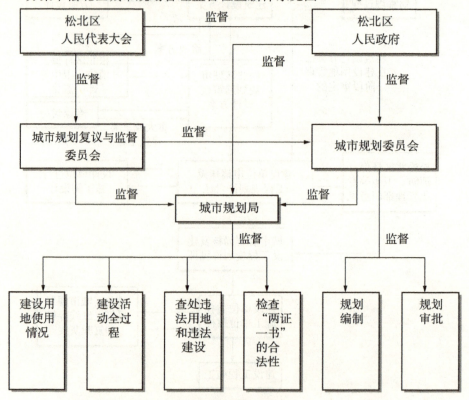

图6-25 松北区建筑工程规划管理新体系（方案甲）

（2）方案乙的城市规划管理监督检查体系

方案乙松北区城市规划管理监督检查新体系见图6-26。

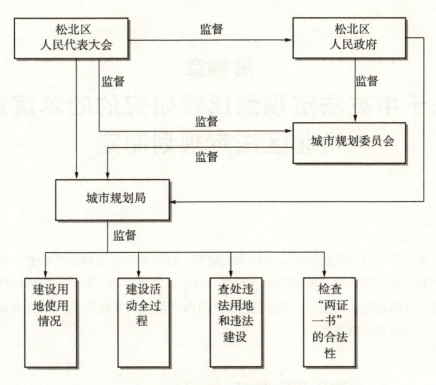

图6-26 松北区城市规划管理监督检查新体系(方案乙)

第 7 章
基于中英法定规划比较研究的哈尔滨市松北区法定规划制定

本案例通过对英国法定规划的发展研究,特别是近年发展的新趋势,归纳总结制定法定规划的一般规律和准则作为哈尔滨松北区制定其法定规划的经验参考,并结合松北区实际,从法定规划①的内容及规划实施管理体制方面制定符合其发展规律的方案。

7.1 哈尔滨松北区概况

7.1.1 基本情况

7.1.1.1 区位条件

哈尔滨地处东北亚,是第一条欧亚大陆桥和空中走廊的重要枢纽,是我国东北黑河、绥芬河、珲春和满洲里四个沿边开放城市的连接点,对外是日本、韩国等进入俄罗斯的重要通道,对内是各省通往俄罗斯的重要桥梁,在对俄罗斯、独联体及东欧国家经济合作中具有重要的战略位置。经过几十年的建设和发展,哈尔滨现已初步形成了水陆空立体交通运输体系,包括连通国内外的 6 条铁路干线、呈放射状通往全国的七条干线公路、全国八大内河港之一的哈尔

---

① 本书论述的松北区法定规划是指控制性详细规划层面的规划。

滨港以及规模相当于首都机场的哈尔滨新机场。依托哈尔滨优越的区位条件，松北区享有良好的发展基础。

7.1.1.2 自然地理条件

松北区属温带大陆性气候，年平均气温为3.6℃，年平均降水量为523.3毫米，常年主导风向以西南风为主。气温最高的月份（7月）平均气温22.7℃，年平均降水量530毫米，雨季集中在7—8月。无霜期136天左右。

松北区属松花江低河漫滩地和河漫滩地，地势平坦低洼，地面海拔高度在114～120米，地基承载力一般为12～16吨/平方米，局部地区为10吨/平方米、20～34吨/平方米，工程地质条件一般。地下水埋深浅，水量丰富，水质较好。

松北区目前已基本被堤防围起。北侧是呼兰河堤，堤长约10千米，防洪标准为10年一遇的洪水；东北是三家子堤、东方红堤，堤长约14.5千米，防洪标准为10年一遇的洪水；南侧松花江北岸为松浦堤和前进堤，堤长约21.7千米，现有防洪标准为十年一遇的洪水。其中新前进堤为二级堤防，防洪标准为50年一遇的洪水，即双口面至后汲家之间，西接万宝堤，东连外贸堤的9.63千米堤线，已完成大部分工程，正在进行堤顶路建设及绿化景观工程。

7.1.1.3 交通条件及社会经济条件

松北区处于哈尔滨通往黑龙江腹地的咽喉要道，是哈伊、哈萝、哈黑、哈大、哈肇、哈绥六条公路必经之地，在公路运输地位具有极其重要的地位。

松北区由滨洲、滨北两条铁路贯通，向南可经哈尔滨站与全国各地相连，向北可抵达与俄罗斯隔岸相望的口岸黑河市和满洲里市，是联系俄罗斯的重要通道。

松北区南临松花江，上游沟通吉林省大安、扶余、松原、吉林等市县，下游沟通佳木斯、富锦、同江，经同江通黑龙江；从黑龙江直接可到达俄罗斯哈巴罗夫斯克、共青城、波亚尔科沃、布拉格维申斯克、下列宁斯耶和庙街等开放港口，也可经过江海联运通过黑龙江下游出海直达日本、韩国等。

2002年，东北亚经贸科技合作区国内生产总值131 868万元，其中第一产业22 045万元，第二产业80 288万元，第三产业29 535万元，三次产业结构比例为17:61:22。2004年年末，松北区国内生产总值120 691万元，其中第一产业34 065万元，第二产业55 506万元，第三产业31 120万元，三次产业结构比例调整为28.2:46:25.8。农业以畜牧业为主，总产值9 325万元，占农业总产值的42.3%。工业所有制形式主要以乡镇企业和集体及私营企业为主，总产值为58 700万元，占工业总产值的73.1%，形成了以北兴建材公司、冰城隔膜厂、凯瑞达泡沫用品厂等数家年产值过千万的企业为代表的产业集合。第三产业以商业、服务业为主，沿202国道已形成了以经营农业机械为代表的市场群。

7.1.2 政策背景

松北区开发建设自1984年提出后得到各级领导的关注。1995年，哈尔滨市委、市政府从全市发展战略角度出发，对江北地区开发进行了调研工作，并形成了《前进新区开发规划研究报告》，在此基础上提出了"两岸繁荣"的设想。同时，成立了松北区开发建设管理委员会，对松北地区的开发建设进行统筹管理。

2000年，黑龙江省委、省政府提出"省市共建"哈尔滨，把集中力量建设哈尔滨，强化其"龙头"和"窗口"作用作为"十五"期间牵动全省经济发展的一项重要战略举措，为哈尔滨市城市建设和经济发展提供了前所未有的机遇。与此同时《哈尔滨国民经济和社会发展第十个五年计划纲要》将松北区开发建设作为哈尔滨市未来五年城市发展的战略方向，并提出按照建设多功能、外向型、花园式、现代化新城区的长远目标，完善重点区域基础设施，为转移人口和导入产业创造条件，形成南北联动的发展格局。同时，省委、省政府提出"必须高水平规划，高标准建设，把松北建设成为风景优美、生态环境好，现代化程度高的新城区"等指示。这些有关文件和政策精神，为松北区开发建设奠定了坚实的政策基础。

7.1.3 发展的优势与劣势

7.1.3.1 发展优势

（1）城市拓展的新空间

松北区开发较晚，建设项目相对较少，占用耕地量较低，耕地只占总用地面积的30%，宽广而地价较低的用地为城市开发提供了广阔的建设空间。

（2）区位优势明显

松北区地处松花江北岸，与道里区、道外区隔江相望，是黑龙江省北部地区进入哈尔滨市的门户，并且是联系俄罗斯的重要通道。一方面靠黑龙江省广大腹地，矿产、粮食、森林等丰富多样的资源使松北区具有良好的资源优势；另一方面黑龙江省大部分城市位于松花江北岸，开发松北能更便捷、更好地带动和组织全省经济的发展，并促进哈尔滨与俄罗斯的经贸合作。

（3）寒地旅游的资源丰富

位于松北区内的太阳岛风景名胜区是具有北方寒地特色的旅游风景区，在其周围将建设湿地生态保护区，加上位于前进开发区中的东北虎林园和冰雪大世界等自然、人文景观，为松北发展旅游产业提供了得天独厚的条件。

（4）城市环境容量较大

松北区与江南的哈尔滨老城区隔江相望，太阳岛风景区久负盛名，大气环境质量较好，环境容量较大，既能满足环境指向性较高的清洁产业的发展，又有利于建设高标准人居环境，有利于城市的可持续发展。

7.1.3.2 发展劣势

（1）松花江河床较宽

松北区与哈尔滨老城区仅一江之隔，但由于松花江河滩行洪断面较宽阔，两岸堤线距离在1.5～7.0千米，远远大于我国大多数跨江河城市的河流宽度，因而在松北区发展过程中很难直接依托老城区的基础设施，而克服江河阻隔所必需的越江交通设施，投资较大，建设项目和配套设施需要同时考虑。

（2）经济发展快但配套不足

松北区现行政区范围内主要为农业用地。松浦镇近几十年来中小型工业发展较快，但仍难以成为地区经济大规模发展的基础；松北镇内文化教育事业已有一定规模，但第二、第三产业发展较慢，尚未形成规模。

（3）基础设施水平滞后

近年来虽然在松北区进行的基础设施建设基本满足了小范围开发的需求，但从总体上看，松北区的交通、供水、排水、燃气等基础设施远远不能满足城市未来发展的需要。目前松北区的城市发展水平、城市建设状况和越江交通设施难以吸引中心城区人口跨江发展。

（4）城市土地开发效益不高

松北区在开发过程中引进了一些大型项目，但主要沿 202 国道布局，如哈尔滨商业大学新校区、省科学技术学院等大学没有统一规划集中建设，而是分散在前进、松浦两镇区，这种分散式的发展模式不仅不利于基础设施的集中投入建设，也使松北区不能在近期形成一定规模的起步区，松北新区城市面貌的形成将推迟。

7.2　哈尔滨松北区法定规划面临挑战

7.2.1　经济发展与环境保护之间矛盾

作为新区，松北区有着促使经济快速发展的契机——优越的区位优势、丰富的未开发土地资源、开发区专有的倾向政策，这些条件从内、从外为新区发展奠定有利的基础。此外，东北地区拥有丰富的自然资源、巨大的存量资产、良好的产业基础、明显的科教优势、众多的技术人才和较为充分的基础条件，利用东北的资源优势、技术优势、人才优势，依托大环境，新区是极富发展潜力的。

但是，经济发展的要求不可能是无代价的，必然伴随着土地和自然资源的消耗。当经济发展与环境保护这一对原则对立的矛盾无可避免地出现时，如何妥善把握经济发展与环境保护的关系，成为解决矛盾的主要方法。事实上，新区的发展就是面临着两者角力的选择。一方面，新区要追求经济的快速发展，而且已经具备了快速发展的各种有利条件。另一方面，新区存在着各种环境敏感的区域,如以太阳岛为代表的自然风景区。解决这一对可能存在冲突的矛盾就归结于如何达成适度发展,以实现具有生命力的可持续发展。因此,对这一地区制定法定规划方案时必须兼顾促进与控制。换句话说就是要在规划中解决"松紧平衡"的问题。

7.2.2 区域协调发展需要

地区发展不平衡不可避免会导致社会贫富悬殊,成为和谐社会发展的阻力。区域化规划或协调机制不健全,传统的大而全、小而全思想是原因之一。一些规划部门仍拘泥于"城市规划"的旧框框,忽视了城市与周边城镇的协调发展,这种"只见单个城市,不见区域城市群"的传统思维,使城市发展的良性循环受到破坏。

此外,过于强调某一种功能或过多地倡导单一的开发模式,使已具备同类开发潜力的地区得到高速的发展,这也是导致发展不平衡的动因之一。在这种情况下,其他地区因得不到相应的关注而被忽视。可以说,追求单一开发模式的结果,或许会以社会将来发展的不平衡作为代价,如果这些问题要留待以后解决,可能付出的代价会更高。

所以,达到和谐与平衡就要容许多样性的发展,也就是依照不同的地区特点进行不同模式的开发,给予不同力度的支持,使社区能够因地制宜、各司其职地实现开发与利用,从根本上满足地区协调、均衡发展的需要。

7.2.3 城市建设时序混乱

城市建设时序混乱造成城市基础设施严重不足和重复建设浪费并存,是不少城市或新区在建设开发时没有注意解决的问题。其结果是城市景观和城市规模在短时间内成功塑造,但在道路、供水、排水、供热等基础设施严重短缺的情况下,无法长远持续发展;因而需要将城市重新开膛挖肚、补漏补缺,否则造成污水横流,建筑垃圾遍地,绿地大量被占用,城市生活环境质量持续下降。因此,在新区建设时应避免追求短期效益,切实拟定发展步骤,按部就班循序建设。

7.2.4 "建"与"留"矛盾

我国有着悠久的历史，反映城市文脉的历史古建筑和遗迹的"去"与"留"是城市建设中取舍的焦点。松北区同样需要解决"建"与"留"的矛盾，准确地说，这是保障高速、高效完成建设任务的同时顾及应对历史文脉保护的挑战。因此，需要保持清醒和清晰的规划头脑，关注历史建筑的保护与新区建设，正视挑战，尽量将矛盾和问题解决在前。

7.2.5 营造可持续发展的人文环境

构建和谐社会还要从单纯追求经济增长的粗放模式中走出来，更多地投入到对社会、人文的关注上，如社会福利、基础设施、人文关怀等方面。现在松北区对基础设施的投入短缺，对文化环境缺乏支持就是和谐社会发展的一方隐患。另外，弱势群体作为社会的一部分，其需求也是不能忽视的。

7.2.6 现行规划管理模式对地区发展支持不足

松北区现在的规划管理体系较简单。在行政机构的设置上，松北区城市规划分局负责主要的规划编制、规划审批等事项，区人民政府对其进行监督和管理。现有的体制缺少了对编制的规划进行审查的专门部门，审查与规划编制的责任都由分局承担，必然对规划的公正性有所削弱。同样地，松北区城市规划分局并没有设置规划监督的约束机构，容易造成对违法建设的监督监察不足，形成建设管理隐患。尤其在一些特殊地区城乡接合部，实际的监管更难以实施，不利于促进地区健康发展。

从规划管理部门最常处理的规划审批业务上，其流程上也存在不利于地区发展的隐患。如图7-1所示，现在的规划建设业务审批流程更多的是单方面、主观性较强的审批，对公众意见没有采取有效的听取、采纳机制。这极可能将规划审批的矛盾都放在审批之后，从而对项目的实施带来负面的影响，最终延迟地区发展的速度。

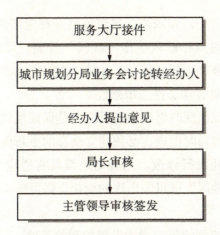

图7-1 松北区城市规划分局建设业务审批流程

7.3 英国法定规划启示

英国法定规划的发展历程反映了不同社会历史时期下对规划的要求。各个时期内容和形式上的转变及特点体现了规划如何在适应地区发展的过程中进行调整与创新。通过上述对制定法定规划方面已经比较成熟的英国城市规划的相关研究,为哈尔滨松北区在制定其法定规划和规划管理的方式、方法提供了有益的经验。

(1) 发展控制的政策内容应该是全面的

作为地方发展控制的法规蓝本,其内容应涵盖需要加以引导的方方面面。从土地利用、各地块的使用性质控制到城市设计,可能对地方发展产生重要影响的都应该在法定层面进行规定,以便管理。但是,"全面"并不等同于"无选择"。选取发展控制的内容仍然应该从实际情况出发,而不是通盘皆取,面面俱到。

(2) 规划政策应依据实际需要"张弛有度"

这主要是针对规划政策的控制深度而言的。作为地方控制规划,有区别地对地区或地块设定控制指引是确保规划灵活性的主要方法。对重点地区,如具有历史保护价值的地块、生态敏感区、标志性地段等具有特殊性的地区的控制自然应该是严格且细致的,如限高、建筑风格等都应该纳入规划控制的范畴。其他地区则应该以相对宽松的政策作"底线"控制,促进经济活动和城市面貌的多样性。刚柔并济进行规划控制,才能最大限度地激活地区发展的活力。

(3) 规划内容要具有动态性与敏感性

规划能够在新情况出现时做出快速反应,是保证规划前瞻性的一个重要方面。而要保持规划内容与时俱进,必须建立动态的更新机制,允许规划内容以地区发展的实际为依托进行修改。当规划政策具有适应发展的灵活变通的特性,才能从根本上为地区发展可能出现的变化提供可解决的、及时的方案和措施。

(4) 城乡一体地空间统筹应成为发展控制的基础

城乡分割、区别对待是我国城市规划编制的弱点。面对因城乡分割而造成的社会、经济问题,新时期的松北区规划编制应借鉴英国在这方面的经验,以城乡一体的理念对地区统筹考虑、系统规划,并使之成为拟定政策的基础。因为地区的发展具有整体性、系统性特征,某类规划政策和措施产生的影响可能是大范围的、长期的。如果缺乏对系统的统一考虑,极有可能产生顾此失彼的后果。所以,在地方发展上应该首先从整体上进行安排,促进协调发展。

(5) 建立行之有效的规划管理架构

哈尔滨松北区现有的规划管理机构主要是松北区城市规划分局,与英国剑桥的地区政府内设的规划与环境处类似,松北区城市规划分局内并没有细分科室,内部的规划人员需要应付各种类别的规划管理业务。然而这种与英国类似的架构设置是存在缺陷的。英国现有的规划管理架构是建立在现有的发展水平以及在高度法制化的基础上的,是符合实际的,而在我国这两方面的实际情况都与剑桥截然不同。首先,就发展水平而言,我国处于高速发展的时期,城市建设要求与经济发展同步。特别在如松北区这样具有开发区特色的新区,对建设速度的要求更高,对建设水平的要求更好。其次,我国并没有完整、细致的规划法制系统可以让规划部门的公务人员更容易地把握规划审批的尺度。在这种现实状况下,规划管理需要更专业化和分工明确的体系,确保提高审批的速度,整体提升发展的步伐。很明显,松北区现有松散的规划管理架构不能从根本上满足管理的需要,应该依据松北区发展的实际以及我国现有法律体系基础建立细化的规划管理体系。

（6）提高公众参与广度和深度

规划的实施需要公众的认可。英国不断倡导的提高民主参与程度实际上是提升规划的可实施性，使规划拥有更广泛的民意基础。提高公众参与的程度，一方面能使规划为人所知，使规划真正地成为贴合地方民众需要的规划；另一方面，公众通过参与规划编制的过程更了解规划的实质，增加规划从"规划图纸"到落实建设的可操作性。显然，纵观从规划内容的制定到规划管理实施的过程，英国的体系在诸如公众参与的步骤、公众参与的组织形式、公众建议的审议、公众意见的采纳和回复方面都提供了很多有益的做法，这些都能为制定松北区法定规划产生实际指导作用。

7.4 哈尔滨松北区法定规划方案

7.4.1 法定规划具体内容

松北区法定规划作为规划控制和规划实施的依据，包括不同层次及深度的规划控制内容。

7.4.1.1 宏观层次规划引导

宏观层次的规划引导属于宏观战略性的规划指导。宏观层次的规划引导以整个地区作为研究的对象，在诸如远景目标、功能定位、总体发展战略、各类土地的供给总量及布置等大方向加以把握，描绘松北区在规划时限内的发展蓝图。

7.4.1.2 空间发展战略

空间发展战略是确定空间发展的战略方向和实现的步骤，着重对主要基础设施、路网和对地区发展有重大影响的设施进行统筹规划。

7.4.1.3 各地块规划控制政策（导则）

以地区的远景发展目标和空间发展战略为基础，详细划分地块，确定各地块的规模、使用性质、开发强度等主要的用地指标，确定地块内配套设施的数量及规模，并有针对性地提出应遵循的其他相应规划控制要求。

地块的规划控制政策为规划审批的主要依据，需要灵活性与原则性并存。因此，在拟定规划政策时要遵循"底线"控制的原则。对有特殊意义，需要严格控制的地块可以制定相对控制性高的政策指引。

7.4.1.4 重点地段发展规划

对重点开发、重点保护或短期内引导开发的地块拟定细致的政策指引。除了明确地块一般性的用地指标外，还要对建筑样式、环境设计等城市设计方面及其他有价值要素的控制导则进行阐述，提高控制的力度。

7.4.2 法定规划的实施与监管

通过对英国城市规划管理体系的研究，对照哈尔滨市城市规划管理体系的现状，并综合考虑松北区的社会经济基础和政府法制情况，提出松北区城市规划管理新体系的方案。

7.4.2.1 行政机构设置

松北区城市规划管理新的行政架构体系具体见本书第6章6.5.3部分。

7.4.2.2 法定规划编制

在新的规划管理体制下，法定规划的编制建立在透明和民主的基础上。在编制过程中强调公众参与以及松北区城市规划委员会的监督、审议作用。公众的参与主要体现在法定规划的初期研究和形成法定规划两个阶段，给规划的定性提供有价值的参考。收集形成的公众意见后，通过松北区城市规划委员会专业技术的审定决定采纳与否，可以避免公众意见的盲目性，增加法定规划的可行性。松北区法定规划的编制程序见图7-2。

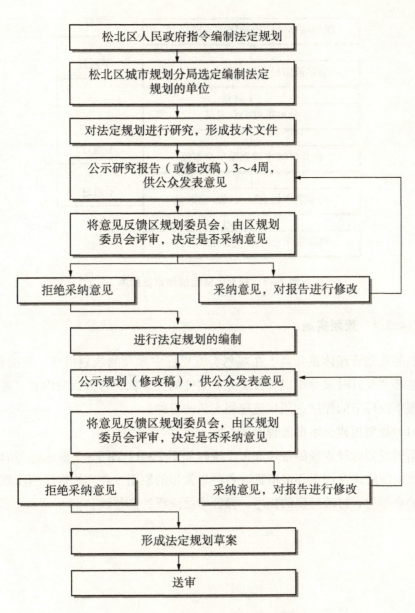

图7-2 松北区法定规划编制程序

7.4.2.3 法定规划审批

松北区法定规划审批程序见图7-3。

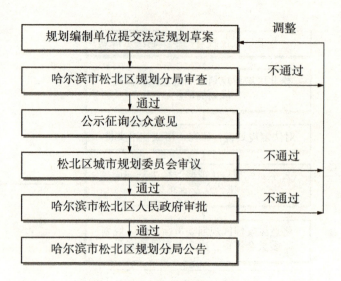

图7-3 松北区法定规划审批程序

7.4.2.4 规划实施

新的规划管理体系强调了在规划实施规程中涉及的规划报建、审批流程，审批各环节及其时限分配以及各类业务案件的立案资料等方面的内容。通过对这些根本性环节的控制达到规范规划实施的目的。

（1）规划报建、审批流程

新的规划建设业务的报建和审批流程如图7-4、图7-5所示。与旧的体系相比，新的体系注重逐层审批、各环节紧扣的原则，在实施审批的步骤中增加了公众参与、行政复议的程序，保证审批流程的完整性。

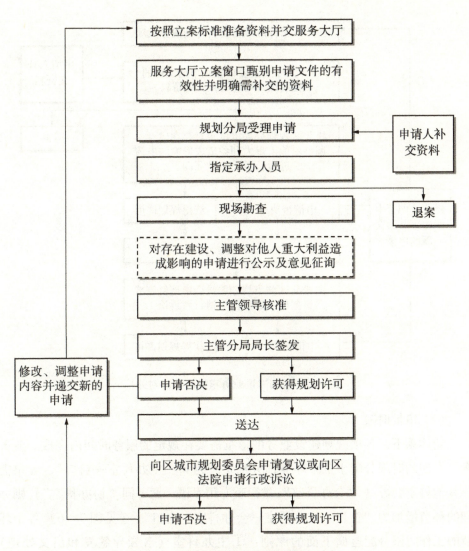

图7-4 规划建设业务审批流程（对内）

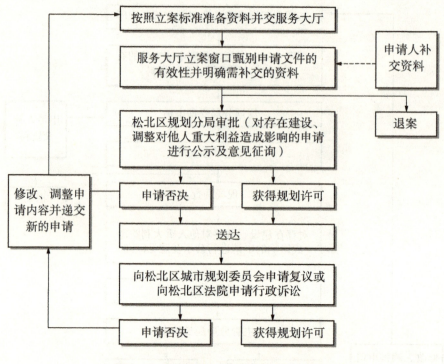

图7-5 规划建设业务审批流程（对外）

(2) 审批时限

新体系下，各项规划建设业务的审批需要在规定的服务时间内完成。业务案件办理的时限分配于三个环节，分别是"窗口—主办科室—窗口"，如果需要其他科室会办（"会办科室"是行政专用术语，意等同"协办科室"）则办理的环节增加为"窗口—主办科室—会办科室—窗口"。（见图7-6）各个环节的工作时限分配遵循下面的原则：①主办科室（含领导签发和出文处理）工作时限为对外承诺时限。如案件需要会办，则还需从对外承诺时限中扣除会办所用时间（如一次同时会办科室，则取最长的会办时间），每增加一次会办，主办科室工作时限相应扣减。②受理会办案件的科室工作时限为7个工作日。③窗口收案当日不计入办案时限之内。④各环节的流转确认以案件接收单位的签收日为准，接收当天工作日计入前一个环节所在科室的办理时间内，接受案件的工作单位办理时间从签收日第二天起计。

在案件的办理阶段，出现下列情况，案件进入停计时，该时段不纳入业务办理的规定时限：①如果案件申请人提交的立案资料不齐或不符要求的，松北区规划分局在受理案件后5个工作日内向申请人发出补送资料通知。从通知发出时起，案件的办理时间中止计算。申请人在收到通知单之日起5个工作日内补送资料。自松北区规划分局收到申请人补送的有关资料之日起，案件的办理时限恢复。②申请建设用地规划许可证类案件，提交市用地会讨论。③在申请建设工程规划许可证案件办理过程中，建设单位需要委托有关技术部门对所申请的工程建设项目进行技术审查。④由于不可抗力因素或案件申请人自身原因导致案件不能正常办理。

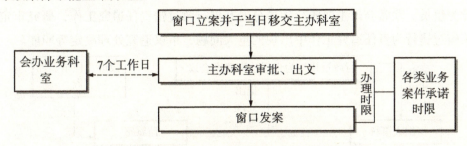

图7-6　业务案件办理环节及时限分配

（3）立案资料

立案的资料是所有报建审批的基础，按照报建项目的要求需要拟定规范的标准并予以公布，以保证审批的高效性和可实施性。

7.4.2.5　规划实施监督

新体系下，对城市规划管理的监督检查主要包括两个方面的内容：一是区规划分局对建设项目的监督检查，包括对建设用地规划许可证和建设工程规划许可证的合法性、是否有违法用地或违法建设的检查和查处；二是区规划分局内部的监督检查。

对建设项目的监督检查主要通过接受群众投诉、抽查等形式对建设项目进行监控。规划分局内部的监督检查是建立行政过错责任追究机制。行政过错责任追究机制包括两方面的内容：第一，制定追究制度；第二，设立执行行政过错行为责任追究机构，主管、执行行政过错行为的责任追究。

追究制度主要是明确城市规划行政执法错案的概念，追究主体及追究程序，确立听证会制度作为追究的必经程序，与职能分工相结合，规定过错责任的法定认定标准和承担形式等问题。

行政过错行为责任追究机构为监察室、组织人事科、行政过错行为责任追究联席会议组成。（见图7-7）监察室的职能包括：督促指导各科室依法行政；受理对机构及其工作人员的投诉、检举和控告；对机构及其工作人员的行政过错行为进行调查，向联席会议提出处理意见；会同组织人事科组织听证工作等职能。组织人事科负责执行行政过错行为责任追究处理决定。联席会议由分局局长任组长，纪委书记和主管监督检查工作的副局长任副组长，各科室领导为组员。联席会议主要履行领导分局开展行政过错责任追究工作，研究审定实施过错行为责任追究工作中出现的重大问题，审议追究处理决定等职能。

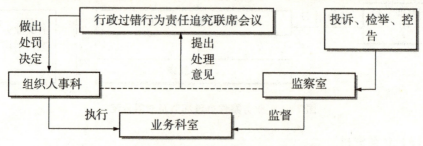

图7-7 松北区城市规划分局责任追究机构设置、流程

参考文献

[1] Ministry of Justice. Town and Country Planning Act 1990. http://www.statutelaw.gov.uk/.

[2] Ministry of Justice. Regional Development Agencies Act 1998. http://www.statutelaw.gov.uk/.

[3] Ministry of Justice. The Town and Country Planning (Development Plan) (England) Regulations 1999. http://www.statutelaw.gov.uk/.

[4] Department for Transport, Local Government and the Regions. Planning Green Paper Planning: Delivering a Fundamental Change. 2001. http://www.communities.gov.uk/.

[5] Liverpool Metropolis County. Liverpool Unitary Development Plan 2002. http://www.liverpool.gov.uk/.

[6] Government Office of the East of England. The Regional Spatial Strategy for the East of England. 2002. http://www.gos.gov.uk/.

[7] Cambrige City Council. Cambridge City Council Local Plan 2003. http://www.cambridge.gov.uk/.

[8] Cambrigeshire County Council and Peterborough City Council. Cambrigeshire and Peterborough Structure Plan 2003. http://www.Cambrigeshire.gov.uk/.

[9] Office of the Deputy Prime Minister. Sustainability Appraisal of Regional Spatial Strategies and Local Development Frameworks. 2004. http://www.communities.gov.uk/.

[10] Ministry of Justice. Planning and Compulsory Purchase Act 2004. http://www.statutelaw.gov.uk/.

[11] Ministry of Justice. The Town and Country Planning (Regional Planning) (England) Regulations 2004. http://www.statutelaw.gov.uk/.

[12] Ministry of Justice. The Town and Country Planning (Local Development) (England) Regulations 2004. http://www.statutelaw.gov.uk/.

[13] Cambrige City Council. Annual Monitoring Report December 2005. http://www.cambridge.gov.uk/.

[14] Cambrige City Council. Cambridge Local Development Scheme 2006. http://www.cambridge.gov.uk/.

[15] Cambrige City Council. Statement of Community Involvement. 2005. http://www.cambridge.gov.uk/.

[16] Cambrige City Council. Cambridge East Area Action Plan 2006. http://www.cambridge.gov.uk/.

[17] Cambrige City Council. Cambridge Development Strategy Issues and Options Report. 2006. http://www.cambridge.gov.uk/.

[18] Cambrige City Council. Cambridge Site Specific Allocations Issues and Options Consultation. 2006. http://www.cambridge.gov.uk/.

[19] Office of the Deputy Prime Minister. Planning for a Sustainable Future: White Paper. 2007. http://www.communities.gov.uk/.

[20] Bake M. Planning for the English Regions: A Review of the Secretary of State's Regional Planning Guidance. Planning Practice & Research, 13 (2): 153 – 169.

[21] Arnstein S R. A Ladder of Citizen Participation. JAIP, 1969, 35 (4): 216 – 224.

[22] Bruton M J, Nicholson D J. Local Plans and Planning in England. Journal of Environmental Planning and Management, 1984, 27 (1): 1 – 11.

[23] Healey P. The Future of Local Planning and Development Control. Journal of Environmental Planning and Management, 1987, 30 (1): 30 – 40.

[24] Tauxe C S. Marginalizing Public Participation in Local Planning: An Eth-

nographic Account. Journal of the American Planning Association, 1995, 61 (4): 471-481.

[25] Tewdwr-Jones M. Plans, Policies and Inter-governmental Relations: Assessing the Role of National Planning Guidance in England and Wales. Urban Studies, 1997, 34 (1): 141-162.

[26] Counsell D. Sustainable Development and Structure Plans in England and Wales: A Review of Current Practice. Journal of Environmental Planning and Management, 1998, 41 (2): 177-194.

[27] Herbert-Young N. Central Government and Statutory Planning Under the Town Planning Act 1909. Planning Perspectives, 1998, 13 (4): 341-355.

[28] Tewdwr-Jones M, Williams R H. The Impact of Europe on National and Regional Planning. The European Dimension of British Planning, 2001, 1 (2): 56-78.

[29] Allmendinger P. Re-scaling, Integration and Competition: Future Challenges for Development Planning. International Planning Studies, 2003, 8 (4): 323-328.

[30] Holford W, Wright H M. Cambrige Planning Proposals. Cambrige: Cambrige University Press, 1950.

[31] Brindley T, Rydin Y, Stoker G. Local Planning in Practice. Routledge, 1991.

[32] Rydin Y. The British Planning System—An Introduction. [S. l.]: The Macmillan Press, 1993.

[33] Tewdwr-Jones M. British Planning Policy in Transition. London: UCL Press, 1996.

[34] Tewdwr-Jones M. British Planning Policy in Transition: Planning in the 1990s. London: UCL Press, 1996.

[35] Taylor N. Urban Planning Theory Since 1945. London: Sage, 1998.

[36] Roberts T. The Statutory System of Town Planning in the UK: A Call for Detailed Reform. Town Planning Review, 1998, 69 (1): iii-vii.

[37] Cullingworth B. British Planning: 50 Years of Urban and Regional Policy.

England: Continuum International Publishing Group, 1999.

［38］Hopkins L D . Urban Development: The Logic of Making Plans. ［S. l. ］: Island Press, 2001.

［39］Department of the Environment, Transport and the Regions. Our Towns and Cities: The Future—Delivering an Urban Renaissance (Urban White Paper). 2000.

［40］Greed C. Introducing Planning. England: Continuum International Publishing Group, 2000.

［41］Hall P G, Hall P. Cities of Tomorrow. England: Blackwell Publishing, 2002.

［42］Hall P. Urban and Regional Planning. London & NewYork: Routledge. 2002.

［43］Tewdwr-Jones M . The Planning Polity Planning, Government and the Policy Process. UK: Routledge, 2002.

［44］Office of the Deputy Prime Minister. Guidance Note: Best Value Performance Plan and Reviews. 2002.

［45］Office of the Deputy Prime Minister. Planning Policy Statement 11: Regional Spatial Strategies. London: HMSO, 2004.

［46］Office of the Deputy Prime Minister. Planning Policy Statement 12: Local Development Frameworks. London: HMSO, 2004.

［47］Office of the Deputy Prime Minister. Sustainability Appraisal of Regional Spatial Strategies and Local Development Documents: Guidance for Regional Planning Bodies and Local Planning Authorities. London: HMSO, 2005.

［48］Office of the Deputy Prime Minister. Planning Policy Statement 1: Delivering Sustainable Development. London: HMSO, 2005.

［49］Barry Cullingworth and Vincent Nadin. Town and County Planning in the U. K.. 14th ed. London: Taylor & Francis Group, 2006.

［50］全国人民代表大会. 中华人民共和国城市规划法. 1989.

［51］全国人民代表大会. 中华人民共和国城乡规划法. 2007.

［52］汪光焘. 全面学习贯彻《城乡规划法》切实担负起依法编制规划的

历史责任. 全国城市规划院院长会议，2007.

[53] 吴大英，沈蕴芳. 西方国家政府制度比较研究. 北京：社会科学文献出版社，1995.

[54] 李德华. 城市规划原理. 4版. 北京：中国建筑工业出版社，2001.

[55] 郑文武. 当代城市规划法制建设研究. 广州：中山大学出版社，2007.

[56] 王凡. 谈我国城市建设的基本法规《城市规划条例》. 建筑学报，1984（7）：3-6.

[57] 章兴泉. 英国城市规划体制的演变. 国外城市规划，1996（4）：28-30.

[58] 俞正声. 推进城市规划的法制进程——纪念《城市规划法》实施八周年. 中国建设动态，1998.

[59] 吴志强，唐子来. 论城市规划法系在市场经济条件下的演进. 城市规划，1998（3）.

[60] 唐子来. 英国城市规划核心法的历史演进过程. 国外城市规划，2000（1）：38-42.

[61] 吴志强. 城市规划核心法的国际比较研究. 国外城市规划，2000（1）：1-6.

[62] 何强为. 法学理性与城市规划的发展——一个借鉴研究的框架. 城市规划，2001（11）：49-52.

[63] 苏则民. 城市规划编制体系新框架研究. 城市规划，2001（6）：29-34.

[64] 王朝晖，师雁，孙翔. 广州市城市规划管理图则编制研究——基于城市规划管理单元的新模式. 城市规划，2003（12）：41-47.

[65] 孙施文. 英国城市规划近年来的发展动态. 国外城市规划，2005（6）：

[66] 许菁芸，赵民. 英国的"规划指引"及其对中国城市规划管理的借鉴意义. 国外城市规划，2005（6）：16-20.

[67] 张险峰. 英国国家规划政策指南——引导可持续发展的规划调控手段. 城市规划，2006（6）：48-64.

［68］吴晓松，张莹，缪春胜. 法定图则与地方发展框架的比较研究. 现代城市研究，2008（12）：6 – 12.

［69］张莹. 英国城市规划编制研究与借鉴. 广州：中山大学地理科学与规划学院，2008.

［70］邹德慈. 刍议改革开放以来中国城市规划的变化. 北京规划建设，2008（5）：2 – 5.

［71］吴晓松，吴虑，张莹. 20世纪以来英格兰城市规划体系发展与演变. 国际城市规划，2009（5）：11 – 1.

［72］缪春胜. 英国城市规划体系改革研究及其借鉴. 广州：中山大学地理科学与规划学院，2009.

跋

城市规划体系发展演变与一个国家的政治、经济及社会等因素密切相关。

就英国的城市规划而言，从非强制性的规划到法定规划，规划的地位在不断提高。随着时代的变迁、城市发展阶段的演进以及城市问题的变化，英国城市规划体系在解决城市发展新问题的过程中不断完善，甚至进行全面的改革，以适应社会经济发展的需求。我国城市规划从计划经济时期的"技术规范"，到市场经济时期的"公共政策"，反映了社会经济变化下城乡管理工作的科学性和公平性，反映了法律主体各方利益的时代诉求。

中英由于国家体制、法规体系、行政体系及城市发展阶段的不同，城市规划体系有所差异。探讨英国城市规划先进经验，应从其政治体系、经济体制、法规体系及城市发展阶段等方面去理解英国的城市规划体系，也应审视我国自身的规划体系，取长补短，与时俱进。

本书基于大量历史文献资料的研究成果。2005—2006年，我在剑桥大学做访问学者，正值英国开始颁布实施地方发展框架（LDP）作为英格兰"新二级"体系的法定规划。在此之前，我分别指导中山大学地理系1999级人文地理本科生周振福和1998级人文地理本科生戴颖科研究并撰写《广州市法定规划管理图则编制办法与技术规定》，获得2006年度广州市城乡规划设计优秀项目三等奖。回国后，我参加"哈尔滨市松北区城市规划管理单元规划"项目，荣获2007年度全国优秀城乡规划设计三等奖。此后，我先后指导中山大学地理科学与规划学院2001级城市规划本科生王晓伟、2006级人文地理硕士研究生张莹及2007级人文地理硕士研究生缪春胜对英国城市规划体系演变进行系统研究，结合哈尔滨市松北区城市规划管理新体系建立研究课题，对中国与英国城市规划体系进行比较研究。相继发表《法定图则与地方发展框架的比较研究》《20世纪以来英格兰城市规划体系发展与演变》《近现代英国城市规划发展历程及最新动态》等三篇论文。

  上述各项研究成果丰富了本书内涵。然而，关于中英城市规划体系有大量的内容尚待进一步研究，如对中英城市规划各阶段的实施效果评估、监督系统等方面的深入研究，对英国现行国家地方体系实施效果的跟踪与反馈研究，对中英各自城市规划发展差异的研究，等等。

  经过近十年的持续研究，此书终于出版，希望能比较客观、全面地展示中英城市规划体系的发展历程以及两者间存在的差异。当然，城市规划体系是一个动态发展的课题，需要我们及时进行跟踪和总结。

吴晓松
2015年3月于广州康乐园

致　　谢

　　本书的写作，得益于参加"广州市法定规划管理图则编制办法与技术规定"项目研究（2003—2005 年）与"哈尔滨市松北区城市规划管理单元规划"项目研究（2005—2006 年）打下的坚实基础。在此感谢其时广州市城市规划局编制与研究中心师雁、王朝晖和李光旭等同志，及其时广东省城乡规划设计研究院黄建云和刘洪涛等同志在"广州市法定规划管理图则编制办法与技术规定"研究项目上的合作。还要感谢哈尔滨市城市规划局松北分局局长刘柏哲、黑龙江省建筑职业技术学院宿恩明及哈尔滨市城市规划设计研究院林红杨等同志在"哈尔滨市松北区城市规划管理单元规划"项目上的合作。

　　感谢时任哈尔滨市松北区区委书记王镜铭、区长曲维嵩、副区长倪大鑫及松北区规划局长刘柏哲等大力支持，在 2006 年提供"哈尔滨市松北区城市规划管理新体系建立"与"基于中英法定规划比较研究的哈尔滨市松北区法定规划制定"两项专项研究课题，使得本书在松北区城市规划研究案例的基础上，更好地借鉴英国城市规划体系的发展，利用英国城市规划较为成熟的管理体系经验，为中国城市规划管理服务。

　　中山大学地理科学与规划学院吴箐副教授为本书提供了中国城市规划体系方面的资料，周振幅、戴颖科和王晓伟等学生参与研究项目为本书的完成打下基础，在此一并致谢。

　　更要感谢中山大学地理科学与规划学院各位领导为本人提供宽松的教学与研究环境，使得本书能够精益求精、臻于完善。

吴晓松
2015 年 3 月